# 美 容

◎ 张建红 主编

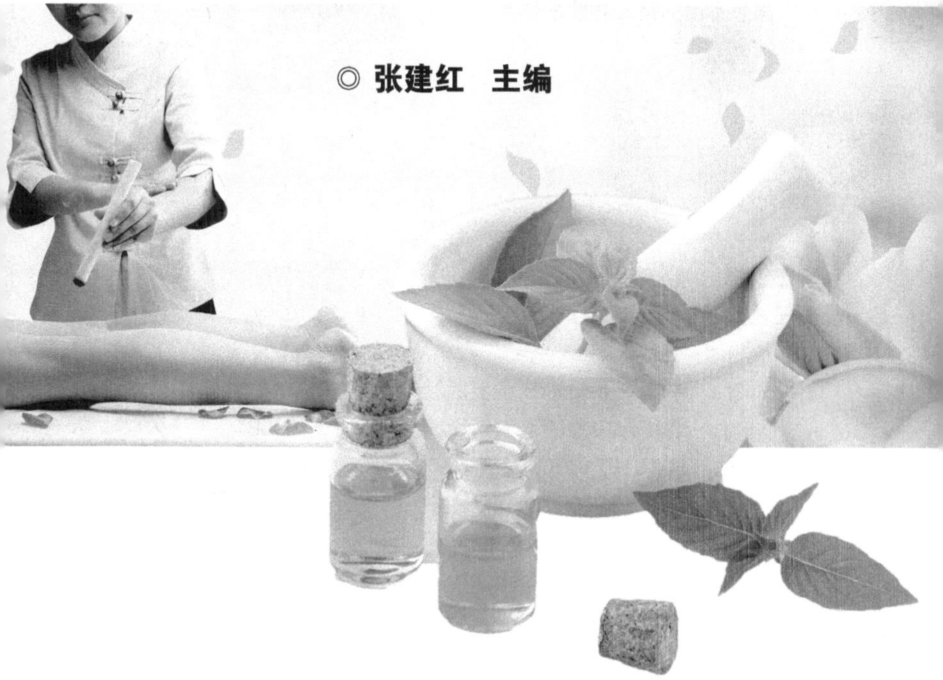

中国农业科学技术出版社

**图书在版编目（CIP）数据**

美容／张建红主编．—北京：中国农业科学技术出版社，2018.9
（乡村振兴战略实践丛书）
ISBN 978-7-5116-3864-9

Ⅰ.①美…　Ⅱ.①张…　Ⅲ.①美容-基本知识　Ⅳ.①TS974.1

中国版本图书馆 CIP 数据核字（2018）第 199092 号

**责任编辑**　徐　毅
**责任校对**　李向荣

**出 版 者**　中国农业科学技术出版社
北京市中关村南大街 12 号　邮编：100081
**电　　话**　(010)82106631(编辑室)　(010)82109702(发行部)
(010)82109709(读者服务部)
**传　　真**　(010)82106631
**网　　址**　http://www.castp.cn
**经 销 者**　各地新华书店
**印 刷 者**　北京建宏印刷有限公司
**开　　本**　850 mm×1 168 mm　1/32
**印　　张**　4.125
**字　　数**　115 千字
**版　　次**　2018 年 9 月第 1 版　2018 年 9 月第 1 次印刷
**定　　价**　18.00 元

# 《美　　容》

# 编　委　会

**主　编：** 张建红

**副主编：** 李建秧

# 前　言

随着人们生活水平的不断提高，人们对自身形象的要求也越来越高。人体面部、眼部、唇部、颈部、肢体等都成为美容护理的对象。美白、祛皱、纹眉、去痣、美甲、脸部化妆、美容按摩等项目的市场需求不断增加，美容市场不断扩大。

本书在人力资源和社会保障部制定的《美容师国家职业技能标准》指导下，结合当前美容师工作内容编写而成。主要内容包括面部护理、基础美容、修饰美容、文刺美容、按摩美容等。

本书主要特点如下。

(1) 本书系统地介绍了美容师应了解的基本知识，语言通俗易懂，难度由浅入深，初学者能够快速对美容工作有一个清晰完整的认识。

(2) 本书从强化培养操作技能出发，较好地体现了美容师职业当前最新的操作技术，对提高美容师的基本技能有直接的帮助。

(3) 本书改变了传统教材倾向理论化、学科化，与岗位实际脱节的弊端，拉近了培训与实际岗位的距离，具有较强的实用性和指导性。

由于编写时间仓促和水平有限，书中可能存在不足之处，欢迎广大读者批评指正！

编　者

2018 年 6 月

# 目　　录

# 第一章　面部护理

## 第一节　皮肤分析

皮肤分析诊断是美容师通过观察、测试等方法，对顾客皮肤状况进行判断，并根据顾客皮肤具体情况制订护理计划的过程。为保证皮肤分析诊断的效果，美容师必须了解基本的皮肤相关知识，掌握相应的诊断方法。

### 一、皮肤的分层结构

皮肤由外到内共分为表皮、真皮以及皮下组织 3 层，如图 1-1 所示。

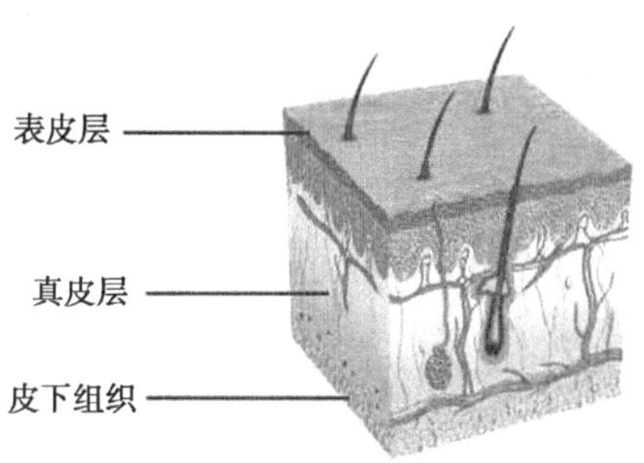


图 1-1　皮肤的分层结构

1. 表皮

表皮是皮肤的最外一层，全层平均厚度为0.1~2毫米，该层内没有血管，有神经末梢，可感知外界刺激，产生触觉、痛温觉、压力觉等感觉。从表面到基底，表皮可分为角质层、透明层、颗粒层、棘层和基底细胞层共5层。

（1）角质层的厚薄对人的肤色和皮肤的吸收能力有一定影响。角质层过厚，则皮肤看上去发黄，没有光泽，吸收能力也较差，在护理时，可利用磨砂或去死皮方法将过厚角质细胞去除，以保持皮肤的细嫩；角质层过薄，则皮肤对外界刺激的敏感性增强，容易出现红血丝。

（2）透明层仅见于角质层肥厚的表皮，位于颗粒层上方。它是防止水及电解质通过的屏障。

（3）颗粒层能使光线折射，起到屏障作用，防止紫外线深入皮内。

（4）棘层是表皮层中最厚的一层，由8~12层多角形细胞构成，细胞之间有淋巴液流通，可供给表皮营养。

（5）基底细胞层具有产生新细胞的功能，细胞内含有棕褐色的色素颗粒，皮肤的颜色就是由色素颗粒的多少来决定的。

从一个基底细胞产生，到角质细胞慢慢变成皮屑而脱落，一般需要28天，因表皮再生功能强，所以，伤及表皮时一般不留疤痕。

2. 真皮

真皮位于表皮和皮下组织之间，由结缔组织构成，主要由胶原纤维和弹性纤维蛋白成分组成。身体各部位真皮厚度不同，平均为1~2毫米。

3. 皮下组织

皮下组织位于皮肤最深层，其厚度约为真皮的5倍，主要由大量的脂肪细胞和结缔组织构成，含丰富的血管、神经、汗腺

等，可保温防寒、保护皮肤。它将皮肤与深部的组织连接在一起，并使皮肤有一定的可动性，皮下组织随个体、年龄、营养及所在部位的不同而有较大差别。人体健美、丰满与否与真皮和皮下组织关系密切。

## 二、皮肤的附属器

皮肤的附属器有皮脂腺、毛囊、汗腺、毛发、指（趾）甲等，其中皮脂腺连接毛囊，能分泌油脂，令毛发不致干燥。在真皮表层的脂肪可令皮肤柔软，但过剩的油脂分泌则可能形成黑头粉刺。除手掌、足底外，皮脂腺分布在人体全身各处，但以头面部、背部、躯干部中线较多，特别是前额、眉间、鼻翼、鼻唇沟等处最多。皮脂腺应当分泌适中，如果分泌过多则易发生暗疮、脂溢性皮炎或脱发；分泌过少则皮肤易失去光泽，头发易断。

## 三、皮肤的基本属性

### 1. 皮肤的厚度

皮肤的厚度为 0.5~4 毫米，若不含皮下组织，全身皮肤平均厚度约为 2 毫米。全身不同部位的皮肤厚度差别较大，一般上眼睑皮肤厚度约为 0.6 毫米，面颊皮肤厚度约为 1 毫米，额部皮肤厚度约为 1.5 毫米。

### 2. 皮肤的透明度

皮肤具有一定的透明度。透明度高则肤色鲜艳亮丽。皮肤的透明度与诸多因素有关，包括角质层厚度、表皮厚度和性质、皮肤充实性、表皮内黑色素量、真皮内含水量、皮下脂肪量以及睡眠和身体状况等。

### 3. 皮肤的颜色和反光性

皮肤的颜色和深浅取决于皮肤内黑色素和胡萝卜素含量的多少、真皮内血液供应的情况以及表皮的厚薄。每个人的皮肤颜色会有差异。另外，皮肤本身具有一定的反光性，肤色越白，反光性越强。女性皮肤反射率通常高于男性5%~6%。良好的面部皮肤护理可以有效改善面部微循环，从而改善肤色。

4. 皮肤的吸收功能

即皮肤吸收外界物质的能力，人体不同部位的皮肤，其吸收功能存在差异，面部鼻翼两侧最容易吸收，上额与下颌次之，两侧面颊皮肤最差。

正常皮肤能吸收外界物质，主要有2条途径：一是角质层吸收，约占整个皮肤吸收的90%；二是皮肤附属器吸收，约占整个皮肤吸收的10%。角质层吸收的绝大多数是脂溶性物质，如维生素A、维生素D、维生素E等，它们可被皮肤完全吸收，且吸收速度较快，因此，在一些护肤品中常加人能被皮肤吸收的各种营养物质。而皮肤附属器吸收则以水溶性物质为主。

5. 皮肤的pH值

pH值是体现某溶液或物质酸碱度的表示方法。pH值分为0~14，一般0~7属酸性，7~14属碱性，7为中性。正常健康人的皮肤pH值为5.0~5.6，属弱酸性，男性比女性低0.5左右。弱酸性的皮肤有较强的营养吸收能力，能抑制细菌生长并能自净，对碱性物质有较好的缓冲作用，此时，皮肤的弹性、光泽、水分等都处于最佳状态。

皮肤pH值长期大于5.6，皮肤的碱中和能力就会减弱，最终导致皮肤衰老和受损。这时就需要检测皮肤的pH值，选择适宜的护肤品，使皮肤pH值保持在5.0~5.6，皮肤才会呈现最佳状态，真正达到更美、更健康的效果，任何一种护肤方式都应遵循这一原则。

6. 皮肤的湿润程度

皮肤本身的含水量是很高的，年轻人皮肤的含水量约占人体含水量的20%。对皮肤来说，皮肤的含水量是皮肤重量的70%。

表皮角质层的主要成分是角质蛋白，它是一种吸水性很强的蛋白质，其含水量为15%~25%。如果含水量低于10%，皮肤就会干燥；如果高于25%，则皮肤容易起红斑，发痒。

7. 皮肤的弹性

富有弹性的皮肤是防止皮肤松弛和皱纹生长的先决条件。青年人皮肤脂肪丰满，真皮弹力纤维和胶原纤维数量多，因此，肌肉饱满，富有弹性，皮肤光滑、红润、平整；而如果皮肤脂肪少，皮肤会变薄，真皮弹力纤维和胶原纤维缩短、变性、失去弹性，肌肉就会出现松弛，也就容易出现皱纹。

## 四、皮肤的分类

皮肤通常可被分为中性皮肤（正常皮肤）、油性皮肤、干性皮肤、混合性皮肤和敏感性皮肤五种类型。此外，还有衰老性皮肤和问题性皮肤两大类。

1. 中性皮肤

中性皮肤是一种正常的健康理想的皮肤，其特点如下。

肤色较浅，pH 值在 5.0~5.6，多见于发育前的少男少女和婴幼儿，极少数能保持到中年。

2. 油性皮肤

油性皮肤的特点如下。

一般情况下，肤色较深，角质层细胞中有正常的水分，但皮脂分泌量大，易产生暗疮，其 pH 值大多在 4 以下，年龄主要分布在青年至中年，男性多于女性。

由于油性皮肤皮脂量分泌不同，毛孔堵塞情况不一样，产生的暗疮轻重不同，油性皮肤还可细分为偏油性皮肤、典型油性皮肤、超油性皮肤和缺水性油性皮肤等类型。

3. 干性皮肤

干性皮肤的特点如下。

一般情况下，表皮较脆薄，肤色较暗淡无光，皮肤角质层含水量低，皮脂分泌明显不足，缺少水分和油分，因此，多显干燥，其 pH 值在 7 以上。

年龄分布，包括幼年至老年各阶段，女性比例大于男性。

干性皮肤因缺水或缺油及其程度不同还可细分为偏干性皮肤、典型干性皮肤、脱水性干性皮肤 3 种类型。

4. 混合性皮肤

混合性皮肤的特点如下。

介于油性皮肤与干性皮肤之间，具有油性皮肤与干性皮肤的混合表现；

以“T”区或三角区显现油性，而眼部、前额及脸颊部位显现干性为主要特征；

年龄多在 25~35 岁，且南方地区居多；

可长粉刺，也可长色斑、皱纹或其他瑕疵；

在皮肤检测仪下观察，可同时出现干性皮肤和油性皮肤的特征。

混合性皮肤大多油性区域与干性区域分界明显，但也有的不能明显划分区域，因此，可分为区域混合性与整体混合性 2 种，各自特点如下。

(1) 区域混合性皮肤。该类皮肤又可细分为混合偏干、混合偏油和典型混合 3 种。

混合偏干性皮肤多数部位显现干性，只有眉间或鼻中心区少数部位显现油性。

混合偏油性皮肤多数部位显现油性，只有眼部、眼后区或额上部、两颊后侧少数部位显现干性。

典型混合性皮肤“T”区油性与周边干性反差极大，油区明显毛孔粗大、白头堵塞，而“T”区明显干燥、脱皮或有皱纹。

（2）整体混合性皮肤。此类皮肤的特点如下。

毛孔粗大，整体缺水干燥、肌肤松垂、暗淡无光。

5. 敏感性皮肤

敏感性皮肤对外界的多种刺激（如阳光、气候、尘埃、化妆品、药物等）较为敏感，易出现敏感反应，随着地球环境等因素的改变，表现为敏感性皮肤的人越来越多，年龄贯穿婴幼儿至成年的各个阶段。

敏感性皮肤的特点如下。

皮肤对外界刺激较敏感，易出现皮肤红、肿、痒、刺痛、皮疹、水疱等过敏现象。

皮肤多较嫩薄，毛细血管浮显，易潮红。

皮肤耐受力差，遇过敏原易产生过敏现象。

在皮肤检测仪下观察，可见到微小血管或血丝，皮肤超薄、透明或毛孔粗大、纹理粗糙。

药物、花粉、化妆品（口红、祛斑类、减肥类、染发剂、香水等）、化学物质（油漆等）、动物皮毛、海产品（虾、蟹等）、植物（苦果、漆树等）、冷、热、金属等均可诱发过敏；一般春季多诱发敏感性皮肤。

6. 衰老性皮肤

皮肤一旦出现系统衰老性特征的表现，即可诊断为衰老性皮肤。皮肤衰老与年龄不完全一致，如果年龄未到而提早出现皮肤衰老，称为早衰性皮肤。

衰老性皮肤的特点如下。

皮肤缺水而干燥、暗淡无光、发灰、发黄。

皮脂分泌量少，皱纹明显、皮肤松弛、下垂。

皮肤变薄变硬，角质层增厚，色素失调，产生黑斑、白斑或老年斑。

皮肤萎缩、不饱满，弹性降低，皱襞加深，干燥、起皮、发痒或出现水肿。

皮肤适应力、抵抗力、再生修复力均下降，易感染或过敏，伤口不易愈合。

与年龄关系密切，多见于中老年人及多愁善感的妇女。

在皮肤检测仪下可见到三角纹理不清楚，皮丘、皮沟消失，颜色暗淡老化，皱纹明显增多。

7. 问题性皮肤

凡出现有斑疹、丘疹、结节、水疱、风团、鳞屑、溃疡、痂皮、瘢痕、色素沉着等症状的损伤面容的皮肤统称为问题性皮肤，也可称为损容性皮肤。

其特点如下。

色素障碍：色素障碍是影响皮肤颜色、光泽和滋润程度的重要因素，可分为色素沉着与色素脱失两类，前者较正常的肤色更深，呈暗黄色、褐色、紫色、青灰色或蓝黑色。后者较正常肤色浅，呈青白或黄白色。

隆起高出皮面：如丘疹、结节、脓包、囊肿等隆起而使皮肤凸凹不平，破坏皮肤光泽平滑状态。

影响皮肤弹性：如瘢痕、皮肤硬化病等问题，可以导致皮肤弹力纤维发生断裂，影响皮肤弹性。

形成皮肤创面：如皮肤的溃疡、创伤等原因，可以形成皮肤创面，影响整体效果。

## 五、皮肤类型的测定

1. 目测指触法

即应用眼睛视觉和指腹的触感，在充足的光线下，观察皮肤的类型、细腻度、弹性以及损容性症状等。

2. 仪器透视法

美容院进行皮肤测试常用的仪器及其使用方法如下。

（1）放大镜。用美容放大镜仔细检查皮肤的属性、瑕疵以及皮肤的白头或黑头粉刺等。

（2）便携式水分油分检测仪。将检测仪直接靠近皮肤，检测各种皮肤油分和水分的多少，以便更科学、更合理地断定皮肤的属性。

（3）透视灯（活特氏灯）。清洁皮肤后用棉片盖住顾客眼睛并打开透视灯（滤过紫外灯），将灯面距离皮肤 15 ~ 20 厘米进行照射，然后根据皮肤在灯下所示的情况分析判断皮肤类型。

（4）魔镜仪（图 1–2）。魔镜仪全称是电脑魔镜皮肤检测分析仪，它是目前世界上最先进的面部成像分析系统之一。它运用 RGB 和 UV 光谱成像技术，可以检测出面部皮肤的色斑、毛孔、皱纹、粉刺、平滑度等，并对这些指标做出定性定量分析，根据分析结果，针对皮肤特征提出最佳个性治疗解决方案，还可实现全程电脑数控记录，保存电子病例档案，实现跨时期不同检测图

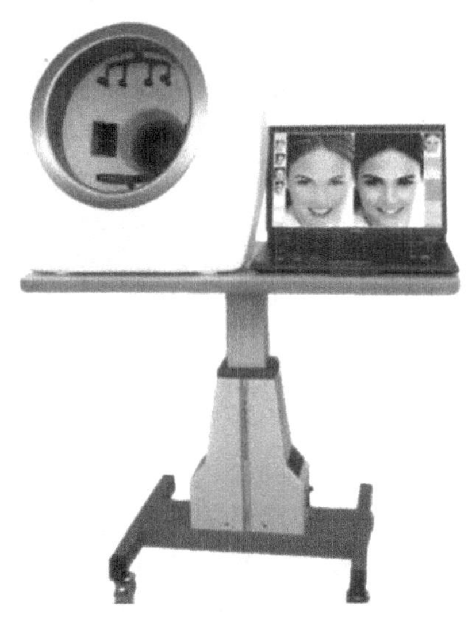

**图 1–2　魔镜仪**

片的细致对比分析，对治疗方案的功效做出客观科学的评价。系统分为两大部分，一部分是成像系统；另一部分是分析系统，由电脑全程控制，进行成像和分析两大工作。

## 第二节　面部清洁

面部清洁主要是利用洁肤产品的有效成分除掉水洗不干净的，附在皮肤表面上的皮脂、老化的角质细胞、汗液、化妆品留下的残脂余粉及污垢等，并利用摩擦或溶解方式，去除死亡的角质细胞以及不溶于水的油脂物质。

### 一、洁肤类化妆品的种类和性能

1. 香皂类

根据香皂类洁肤产品的作用和成分不同，主要分为以下几种。

（1）一般香皂。一般香皂泡沫丰富，去污力强，适用于水溶性污垢较多的皮肤。

（2）软香皂。软香皂含高级脂肪酸钾盐，水溶性好，也称液体香皂。

（3）透明香皂。透明香皂质地细腻温和，含碱量低，有保护皮肤的羊毛脂及保湿成分，还可滋润皮肤。因加入了能使之透明的成分，不但美观柔软透明，而且有保湿作用。

（4）护肤香皂。在一般香皂中加入羊毛脂等护肤性物质，用后可在皮肤表面留下一层油膜，使皮肤有滋润感觉。

（5）药皂。药皂含有一定量的苯酚化合物或一些具有杀菌作用的成分，所以，多显一定颜色且具有杀菌消毒作用，对暗疮、粉刺及有细菌的皮肤具有消炎杀菌作用，如上海药皂、硫黄皂等。

2. 清洁霜

清洁霜又称洁肤霜，是一类能帮助祛除积聚在皮肤表皮及毛孔内的油污、香粉等异物的化妆品。它主要含有乳化剂、高碳醇合成脂、蜂蜡、石蜡、羊毛脂、香精、去离子水、防腐剂等成分。

（1）清洁霜的特点。呈中性或弱酸性，在正常的皮肤 pH 值范围内进行去污，在常温下易液化或借助于轻缓摩擦即可液化；对皮肤无刺激，使用方便，不会损伤皮肤；含有足够的油分，对唇膏、香粉和其他油污有优异的溶解和去污能力；使用后能使皮肤保持滋润滑爽的效果；可使皮肤柔和，而且除油性化妆品和固着在皮脂腺上污垢的效果胜过肥皂。

（2）清洁霜的使用方法。将清洁霜均匀地涂敷于所要清洁的部位并用手按摩，使油污、脂粉、皮屑及其他异物被移入清洁霜内，然后用软纸、毛巾或其他易吸收的柔软织物将清洁霜擦除干净。

3. 洗面奶与洁面奶

洗面奶与洁面奶统称为泡沫清洁剂，它们主要含有表面活性剂、羊毛脂、硼砂、蜂蜡、硅酮油和营养添加剂等成分，不但具有清洁皮肤的作用，还可以收敛或营养皮肤，是一种不含碱性或弱碱性的液体软皂，没有刺激性，并能在皮肤表面留下一层滋润膜。

使用时取适量洗面奶或洁面奶，在面部均匀擦洗后用清水洗净，洗面奶或洁面奶在皮肤上停留时间不得超过 3 分钟。

皮肤性质不同，所选择的洗面奶或洁面奶的种类也不同。

中性皮肤：可以选择一般的洗面奶或洁面奶。

油性皮肤：毛孔粗大的油性皮肤多选择收敛型的洗面奶或洁面奶。

干性皮肤：可以选择一些抗干燥的、滋润营养型的洗面奶或洁面奶。

暗疮皮肤：可以选择柠檬型、月桂类洗面奶或洁面奶。

衰老性皮肤：可以选择营养滋润型的洗面奶或洁面奶。

4. 磨砂膏

磨砂膏又称磨面膏、皮肤按摩清洁膏、磨面清洁霜。它不但能去除皮肤表面的污垢，而且能用物理的方法去除皮肤表面陈腐的角质层和深藏的黑头粉刺及污垢，并且能促进皮肤血液循环和新陈代谢，起到防止和改善细皱纹的效果。另外，还有软化皮肤、加强皮肤对营养物质的吸收等功能。

(1) 磨砂膏的使用方法。首先用清水洗脸并用洗面奶或洁面奶清洁皮肤，再将磨砂膏涂于有关部位，然后用中指和无名指蘸上清水，右手沿顺时针方向、左手沿逆时针方向，由里向外做螺旋式的旋转按摩。磨面结束后，再以清水洗去微粒。

(2) 使用注意事项。磨面时需注意保护好眼睛，防止微粒流入眼中；粉刺炎症期间严禁使用；磨面时不可用力过度，以没有痛感为宜；每次磨面以 3~10 分钟为宜，最多不要超过 15 分钟，每周 1~2 次；过敏性皮肤应慎用。

5. 去死皮膏（液）

去死皮膏（液）是一种可以帮助剥脱皮肤老化角质的洁肤产品。去死皮膏（液）敷于皮肤后，其中，酸性物质可使角化细胞溶解，搓掉或除去这些膏（液）时，可以把溶解的角化细胞一起带下来，起到净化皮肤的作用。

(1) 使用方法。将去死皮膏（液）涂在脸上轻轻按摩，与洗脸的手法一样，待其干后，轻轻搓掉。

(2) 使用注意事项。一般油性皮肤 2~3 天使用 1 次，干性皮肤和敏感皮肤尽可能不用，中性皮肤 1 周 1 次即可。

6. 卸妆液（油）

卸妆液（油）是一种对浓妆或彩妆有着极强清洁力的化妆

品。一般卸妆液（油）分眼部用、面部用、唇部用等几种。卸妆液（油）主要含矿物油、蜂蜡等成分，对彩妆、油粉妆、浓妆清洁效果比清洁霜好，但刺激性较强。

卸妆油成分为纯植物油、乳化剂，可溶解油溶性污垢，添加乳化剂的卸妆油，遇水立即乳化，能够更彻底清除油溶性污垢，而且遇水立即乳化的特点使卸妆油易于清洗。

（1）使用方法。用棉片或面巾纸蘸取适量卸妆液（油），将妆面轻轻擦去，再用一般洗面奶或洁面奶清洁一遍。

（2）使用注意事项。选择对皮肤没有刺激、不过敏、不伤害皮肤和不留下色素，而且对妆面起快速清洁作用的卸妆液（油）。

7. 卸妆水

卸妆水可分为弱效型卸妆水和强效型卸妆水 2 种。

弱效型卸妆水的主要成分是去离子水、保湿剂和表面活性剂（如多元醇等），具有良好的亲肤性，且不油腻、易于清洗，但清洁力度有限，适合卸淡妆使用。

强效型卸妆水的主要成分是去离子水、溶剂（如苯甲醇等）、多元醇、缓冲剂和护肤成分，它能够快速溶解妆面，卸妆效果好，但刺激性强，长期使用会使皮肤变得干燥、敏感，适用于卸浓妆，不适合敏感、干性和暗疮性皮肤使用。

8. 卸妆啫喱

卸妆啫喱的主要成分为高分子胶体和卸妆水，有的卸妆啫喱中又添加了碱剂。卸妆啫喱也可分为弱效和强效 2 种，分别适用于淡妆和浓妆。卸妆啫喱的无油配方使其在使用时感觉非常清爽，因而也受到广大顾客的欢迎。

## 二、卸妆

彩妆品中的粉底大多含有油性，附着于皮肤表面，不易清除，进行皮肤护理前一般按照先眼部、眉部，再唇部，后腮红，最后粉底的顺序卸妆，具体操作如下。

1. 眼部、眉部的卸妆

（1）以清洁棉片保护下眼睑，另取棉片蘸适量卸妆液卸除睫毛膏。

（2）以棉签蘸少量卸妆液从内眼角向外眼角滚抹，清洗上眼线。

（3）撤去沾有污物的棉片，并请顾客睁开双眼。一手将下眼睑略向下拉，更换棉签后从内眼角向外眼角滚抹清洗下眼线。

（4）另取一棉片，蘸适量卸妆液自内而外卸除眼影。

（5）再取一棉片，蘸适量卸妆液自眉头向眉梢卸除眉上彩妆。

2. 唇部的卸妆

一手轻轻固定一侧嘴角，另一手用棉签蘸少量卸妆水（或洗面奶，或清洁霜）从固定侧的嘴角拉抹向另一侧，分别清除上、下唇的唇膏。

3. 卸除腮红

一手持蘸有卸妆水（或洗面奶，或清洁霜）的清洁棉片（或纸巾），指尖朝向下颌方向，从双侧鼻唇沟轻轻拉抹向双颊两侧，清除腮红。

4. 卸除粉底

按额头—鼻子—颊部—口周的顺序逐一卸除。取卸妆液或清洁霜，涂抹于面部，然后用手指在面部向上打小圈，待粉底充分溶解后，再用纸巾吸去或抹去卸妆液或清洁霜。

5. 卸妆的注意事项

（1）眼部皮肤较敏感，卸妆动作要轻柔。

（2）面部卸妆时，要避免洁肤品流入顾客口、鼻、眼中。

（3）卸妆要彻底。

## 三、皮肤表层清洁

1. 温水清洁

温水清洁是最好的溶剂，对面部的灰尘、汗液有极好的溶解作用。

（1）将毛巾浸湿。把洗面用的小毛巾或棉片，在温水中充分浸湿。

（2）拧干。拧干毛巾时，要适度，毛巾既不可过湿，这样容易水滴到顾客衣服上或脸上，毛巾也不可过干，以免无法使皮肤湿润而擦伤皮肤。

（3）洗面的顺序。应先从额部、眼部、面颊部、口周部、鼻部开始。面部油污重的地方，应最后擦洗，如此顺序，应重复2遍，颈部皮肤及耳部皮肤应拧干毛巾后，单独清洁。

2. 洗面奶表层清洁

在用温水清洗面部皮肤后，应使用具有溶解油脂作用的洗面奶，以进一步除面部的油污。

（1）方法一

挤出2分币大小的洗面奶于掌心，揉开后，涂抹于面部，一方面是检查洗面奶中是否有异样的颗粒，以防划伤病人皮肤；另一方面是使洗面奶的温度与人体体温相近，以防在冬季时，冰凉的洗面奶刺激病人的皮肤，而后，用双手的中指、无名指按摩1~2分钟。

（2）方法二

①挤出2分币大小的洗面奶于掌，分五点涂于顾客面部皮即额部、鼻部、口周、面颊部。其中，鼻尖部和下颚洗面奶可略少，尔后，用双手的中指、无名指按摩1~2分钟。

②有毛巾或棉花将洗面奶彻底清洗干净，切勿将洗面奶残留在面部，尤其应注意鼻孔内、耳边、发际、下颚等边缘部位。

## 四、敷面（蒸面）

敷（蒸）面通常选用热敷毛巾和棉花压布等方法进行，可以促进毛孔张开，便于软化、清除死皮，改善面部代谢，毛巾、棉花有吸附作用，可吸附皮脂污垢。

1. 热敷温度与时间

热敷根据季节不同而选用不同的温度：冬天热敷温度选用50~55℃，夏天选用40~45℃。热敷时间通常为5~8分钟，中、干性皮肤5分钟，油性皮肤7~8分钟，粗厚晦暗皮肤15分钟。

2. 操作前准备

（1）将毛巾叠成长条状，浸湿后拧干至挤压不出水分，放入红外线消毒柜中加热。

（2）使用时用卵圆钳从红外线消毒柜中取出毛巾，放入方盘中。

（3）取出后先在自己前臂内侧试温，以免烫伤顾客。

3. 操作方法

敷面的基本操作方法：首先对折毛巾，毛巾中点以下颌为支点包住整个下颌，然后毛巾两端反转沿脸轮廓叠压于额部，空出鼻孔利于呼吸，双手压住周边区域利于保温。

4. 注意事项

（1）操作速度要快，动作要轻柔，衔接连贯准确。

（2）注意敷面毛巾的温度不宜过高，以免烫伤顾客皮肤。

（3）将敷面毛巾的水分拧干，避免水流到顾客颈部。

（4）敷面毛巾四周要服帖，需留出鼻孔。

（5）敏感皮肤、严重暗疮皮肤、皮下出血、新创面皮肤等禁止热敷。

## 五、皮肤深层清洁

深层清洁也称脱屑、去角质或去死皮，即借助人工去死皮的方法，帮助脱去堆积在皮肤表层的死细胞，使皮肤更好地吸收各种营养成分。

1. 操作方法

深层清洁常使用的产品有磨砂膏和去死皮膏（液），可根据顾客实际情况选择使用，其基本操作方法分述如下。

（1）磨砂膏的使用步骤。

①取适量磨砂膏，分别涂于前额、两颊部、鼻部和下颌处，均匀抹开。

②双手中指、无名指并拢蘸水，按额部—双颊部—鼻部—口周—下颌的顺序，以指腹打小圈，拍抹揉擦，使磨砂膏中细小的砂粒与皮肤产生摩擦，令附着于皮肤表皮的死细胞脱落。

③整个脱屑过程以 3 分钟左右为宜，最后将磨砂膏彻底清洗干净即可。

磨砂膏对皮肤有一定刺激，不宜频繁使用。通常干性、衰老性皮肤脱屑时间短，油性皮肤、“T”字区皮肤脱屑时间稍长，眼周围皮肤不宜做磨砂。

（2）去死皮膏（液）的使用步骤。

①将去死皮膏（液）均匀薄涂于面部，停留片刻（具体时间参考产品说明）。

②将纸巾垫于面部皮肤四周，用左手食指、中指将面部局部皮肤轻轻绷紧，右手中指、无名指指腹将紧绷部位的去死皮膏（液）和软化的角质细胞一同拉抹除去。拉抹的方向是，从下端往上拉抹，从中间向两边拉抹。

③用清水将去死皮膏（液）彻底洗净。

去死皮膏（液）性质较温和，对皮肤刺激小。有的去死皮膏用酵素作为角质溶解剂，性质更加温和，适合敏感性皮肤使用。

2. 注意事项

（1）脱屑前，一般先敷脸，使毛孔张开，有利于清除毛孔内的深层污垢。

（2）脱屑一般以“T”字区为主，两颊视肌肤状况而定，眼周禁止使用。

（3）脱屑的方法与用品应根据顾客的皮肤性质选用。

（4）手法不宜过重，脱屑后的皮肤需要彻底清洁干净。

（5）皮肤发炎、外伤、严重暗疮、特殊脉管状态等问题皮肤均不适宜脱屑。

（6）脱屑的间隔时间可根据季节、气候、皮肤状态而定，不可过勤，以免损伤皮肤，每月做1~2次即可。

## 第三节　面膜美容

面膜美容是指利用面膜对皮肤进行清洁、保养、护理等。使用不同成分的面膜具有不同的护肤效果和作用，特别是暗疮皮肤、酒糟鼻皮肤、各种皮炎性皮肤、粗糙皮肤、色斑皮肤、衰老性皮肤、敏感性皮肤等更为适宜。

面膜以成膜剂和粉剂为主要基质，配以功能活性物、成膜辅助剂等成分，制成胶浆状、膏泥状、粉状等各种形态的剂型，将其涂敷在皮肤上形成一层覆盖膜，可达到清洁、保养、护理等护肤美容目的。

面膜具有防止水分蒸发、使皮肤角质层软化膨胀、毛孔汗腺扩张、皮肤表面温度上升、改善血液循环的作用；面膜中的营养成分可以渗入皮肤，促进皮肤的新陈代谢；面膜干燥时收缩，使皮肤紧绷，能消除一些细小的皱纹和收敛毛孔。

## 一、面膜分类

1. 按面膜性状与使用方法划分

（1）硬膜。硬膜也称“倒膜面膜”，是指在皮肤上涂上一层倒膜粉，使人体皮肤与它产生一种水合反应，从而形成一个硬壳面膜（图1–3）。硬膜为粉状，用时需加水调成糊状，倒于面部后很快凝固成坚硬的膜体。其成分以医用石膏粉（含水硫酸钙、黏土、砂粒等）为主，附加一些纯天然植物提取的成分混合，也有的加一些樟脑或冰片成分制造而成。根据其能否产生热量，可将硬膜分为热膜和冷膜2种。

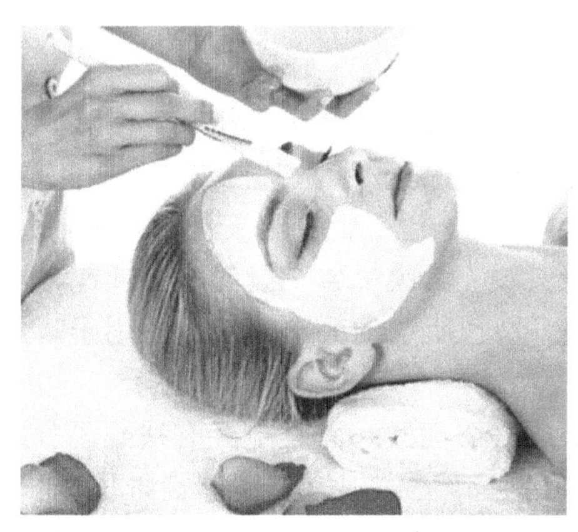

**图1–3　硬膜**

凡是倒膜后能产生热量的膜粉均称为热膜，主要是在其中添加些矿物质、活性成分、骨胶原或生物剂等。其原理就是，它能对皮肤进行热渗透，使局部血液循环加快、皮脂腺、汗腺分泌量增加，并能促进皮肤对营养品和药物的吸收，使之具有增白、减少色斑、减少皱纹等作用。热膜适用于干性皮肤、中性皮肤、衰老性皮肤和色斑皮肤的护理。

倒膜后不产生热量、能立即凝固冷却产生一种舒适冰凉感的膜粉称为冷膜，其中，加入了薄荷、冰片、樟脑等成分。其原理是，通过膜粉产生的冰冷作用收敛皮肤，收缩毛孔，抑制皮脂分泌并可减少油性皮肤分泌过旺的态势。冷膜适用于油性皮肤、敏感性皮肤和暗疮性皮肤等的护理。

（2）软膜。软膜与硬膜是相对而言的，除硬膜以外的各种类型的面膜均可称为软膜。软膜种类繁多，包括胶浆状的、泥膏状的、粉末状的、布贴状的以及果蔬类等。软膜的特点是，经水调和凝固后形成的软膜细腻柔软，性质温和，附着力强，对皮肤没有压迫感，膜体容易揭除，可用水清洗，不需上底霜即可保持皮肤水分。

2. 按面膜功能和适用肤质划分

（1）营养面膜。面膜中含有一种或多种营养成分（如水解珍珠、人参或提取液、角鲨烯及其他蛋白质等），对肌肤起到滋润或补充营养的作用，适用于中性、干性及混合偏干性皮肤。

（2）增白面膜。面膜中含有能起增白或漂白肌肤作用的成分，长期使用可增加肌肤的亮白程度，适用于暗淡无光泽的皮肤、色斑皮肤等。

（3）抗皱或祛皱面膜。面膜中含有祛皱成分且能使皮肤变得更有弹性的一种面膜，主要用于衰老性肌肤、干燥皮肤和皱纹较多的皮肤等。

（4）冷冻面膜。面膜中含有过氧苯酰等具有消炎功能的成分，可使肌肤产生一种冷冻的感觉，适用于暗疮肌肤。

（5）防晒面膜。面膜中含有能阻挡紫外线伤害的成分（如滑石粉、二氧化钛、高岭土或肉桂酸酯系列等），主要用于经常与日光有接触的人群。

（6）祛斑面膜。面膜中含有祛斑成分（如有祛斑功效的中草药或提取物、熊果苷、氢醌类等），可起到祛斑、淡斑的作用，

适用于各种色斑皮肤。

（7）祛脂面膜。面膜中含有一种祛脂成分，具有分解皮脂的功能，特别适用于油性皮肤。

（8）祛除粉刺或暗疮面膜。面膜中含有能起到消炎杀菌、清热解毒或活血化瘀、祛痘等功效的成分，对急性粉刺或暗疮有治疗和护理作用，适用于暗疮皮肤。

（9）敏感修复面膜。面膜中含有预防过敏、修复表皮和镇静作用的成分，适合于敏感性皮肤护理和修复肌肤使用。

## 二、硬膜美容

依据硬膜的分类，硬膜美容也可分热膜美容和冷膜美容 2 种，两者操作方法大体相同，这里只以热膜美容为例进行介绍。使用热膜美容时，由于面膜粉涂于皮肤时，面膜中的主要成分石膏粉遇水产生硬块，与皮肤产生亲和力，随着面膜的慢慢变干，皮肤温度升高，血液循环加快，皮肤张力加强，皮肤分泌皮脂和水分反渗于角质层，使毛皮柔软舒展，毛孔本能开张，面膜中的有效成分渗入皮肤，起到滋润、营养、除皱、治疗和护肤的作用。

1. 操作步骤

（1）先在面部涂一层底霜或覆盖一张与脸大小相等的纱布，发际四周用纸巾或毛巾包严，眉毛及眼睛部位盖上棉花，留出鼻孔及口部。

（2）将硬膜迅速涂敷于纱布上，上膜顺序为额部—两颊部—下颌部—口周—鼻部，涂好后静置 25~30 分钟。

（3）卸膜时，先将硬膜轻拍松动，或请顾客稍微活动面部肌肉（微笑或鼓腮），然后从下颌两侧开始，逐渐松动面部周边面膜，轻轻向上揭起即可。

（4）彻底清洗面部。

2. 注意事项

（1）由于石膏具有很强的吸水性和收敛作用，并有一定的压迫刺激，故硬膜不宜经常使用，一般2周1次或每月1次。

（2）即调即用，调膜时，要掌握好水量的多少并注意搅拌均匀。水过多，会使膜太稀，不易成型；水太少，膜会迅速凝结而来不及倒于脸上。

（3）注意热膜的温度，以免烫伤顾客的皮肤。

（4）涂敷面膜时要尽可能小心，不宜将面膜涂到顾客的眼、口、鼻内。

（5）操作硬膜技术时要准、快、稳和美观，揭膜时技法要熟练。若不慎将毛发黏入石膏模中，切忌硬揭，可先将膜敲成小碎块，然后一点点往下揭，动作要轻柔，不能将碎膜掉到顾客的眼、口、鼻内。

（6）清洗时要注意耳后、发际、鼻孔、下颌部位，切勿有膜渣残留。

（7）遇有过敏者，应用温水反复轻柔地清洗面部，以彻底清除残留的致敏原，并提醒顾客要大量喝温开水，一般2~4小时可自行恢复。

## 三、软膜美容

1. 操作步骤

先用纯净水将面膜粉调和至糊状，然后涂敷在面部皮肤上，涂敷的顺序和方法类似于硬膜的操作，15~20分钟后形成质地细软的薄膜，给面部皮肤一种温和感。软膜敷在面部皮肤上，皮肤自身分泌物被膜体阻隔在膜内，给表皮补充足够的水分，使皮肤明显舒展，细小皱纹会逐渐消失。

目前美容院大多使用软膜进行皮肤护理。首先进行调膜，接着依次在额头、面颊、下颌部、四周、鼻部、颈部等部位上膜，

在静置15~20分钟后卸膜，最后做好面部清洁。

2. 注意事项

（1）要根据顾客的皮肤性质，选用适宜的面膜类型。

（2）敷面膜的时间一般为15~20分钟，面膜水分含量适中的，应避免敷用时间过长，以免面膜干后反从肌肤中吸收水分。

（3）面膜的使用不宜太频繁，治疗型软膜可1天1次，护理型软膜可2~3天1次，具体情况要根据皮肤类型和面膜的种类而定。

（4）自制面膜时要注意原料的选择、剂量的大小、添加剂的加入顺序及其他工艺流程。

## 第四节　面部滋润营养

滋润营养是皮肤美容护理的最后一步。其主要目的是利用爽肤水和润肤霜保养、滋润皮肤，在皮肤表面建立弱酸性保护膜，减少外界环境对皮肤的损伤。

### 一、面部滋润营养品

面部滋润营养品的种类很多，归纳起来有化妆水、润肤霜（蜜）、冷霜、营养霜、雪花膏、日霜、晚霜等，各类营养品作用不同，使用方法也略有差异，具体分析如下。

1. 化妆水

化妆水是一种渗透性很强的液体状水性护肤品，主要成分为去离子水，加入保湿剂、收敛性或营养性等功能性成分，能够及时给洗净的皮肤补充水分或养分，软化皮肤角质层，保持皮肤正常的生理功能，并能起到调节皮肤酸碱度、平衡汗液、控制油脂的作用，使妆面持久而不脱妆，提高皮肤亲和力，能够抑菌、收缩或收敛、营养皮肤、滋润皮肤。

根据酸碱性能不同，可将化妆水分为微酸性、中性和微碱性3种。

（1）微酸性化妆水。微酸性化妆水属收敛性化妆水，通常又称为收缩水或紧肤水，常用含酸性原料制成，如尿囊素、柠檬汁或氯化铝、明矾等，它能刺激皮肤，使角质层的蛋白质轻微凝固，抑制角质层中油分的外溢，使毛孔、汗孔收敛，皮肤绷紧，增加皮肤的弹性，适合油性、毛孔粗大的皮肤及化妆前使用。

（2）中性化妆水。中性化妆水属营养性化妆水，通常又称为营养水或滋润水，常用营养性成分制成，如甘油、珍珠水解液、氧化锌等，它能补充皮肤水分和养分，具有较强的保湿功能，使皮肤滋润舒展，适用于中性、干性、混合性、敏感性或衰老性皮肤。

（3）微碱性化妆水。微碱性化妆水属柔性化妆水，通常又称为爽肤水、柔肤水、调理水或平衡水，它可调整皮肤表面的酸碱度，溶解老化的角质，保持皮肤水分，使皮肤呈湿润状态，适用于干性皮肤的保养。

另外，根据使用功能不同还有防晒化妆水、药用化妆水等。

2. 润肤霜（蜜）

润肤霜（蜜）中主要含有润肤剂、营养剂、保湿剂，如白油、橄榄油、卵磷脂、棕榈酸异丙酯等，起润肤、软肤、保持皮肤水分平衡的作用，可使皮肤柔软光泽，富有弹性。

3. 冷霜

冷霜又称香脂或护肤脂，主要含白油、蜂蜡、硼砂等，对皮肤起保护作用并提供皮肤表皮脂质，其含油量较润肤霜和雪花膏多，用后皮肤会有清凉感。

4. 营养霜（蜜、乳、液）

营养霜（蜜、乳、液）在润肤霜（蜜）中加入各种营养成分而成，其作用是更好地补充皮肤油脂、氨基酸、维生素等营养成分，但保湿效果差。

5. 雪花膏

雪花膏主要含硬脂酸、氢氧化钾、氢氧化钠、十六醇等，可起到滋润皮肤、补充皮肤水分、爽肤、柔肤的作用。其含水量较冷霜多，质地洁白如雪且松软。

6. 晚霜

晚霜也称夜霜，多于晚上入睡前使用，它能使皮肤恢复正常状态，保持皮肤光滑柔软，容易涂擦且具有润舒感。

7. 日霜

日霜适合白天护肤使用，具有滋润皮肤、增强皮肤对外界刺激的抵抗力等作用。

8. 隔离霜

隔离霜具有修颜、隔离、滋润、保湿等作用，使用后可以隔离紫外线，隔离彩妆，修正肤色，使肤质滋润细致、肤色亮丽自然。

不同肌肤的颜色及肤质，需要不同颜色的隔离霜来调整。白色适合所有肤色使用，可以局部使用创造脸部立体感，或是全脸使用使肌肤显得白皙；绿色隔离霜适合偏红肌肤和有痘痕肌肤使用；紫色隔离霜适合偏黄肌肤和苍白肌肤使用。

## 二、操作步骤

1. 涂拍化妆水

美容师根据顾客的肤质选取适宜的化妆水，用手蘸化妆水涂抹在皮肤上，并用手指轻轻弹拍使其充分渗透。涂抹化妆水时，应用双手擦，按摩时借着手部与表皮轻柔的摩擦（图 1–4），使老废角质和废物松动，加速其代谢并畅通毛孔。涂抹的同时，适量、适度拍打，能够刺激肌肤表面的血液循环，帮助营养成分有效深入肌肤底层，当然还要适当进行穴位按摩（按摩太阳穴、迎香穴、地仓穴等)。

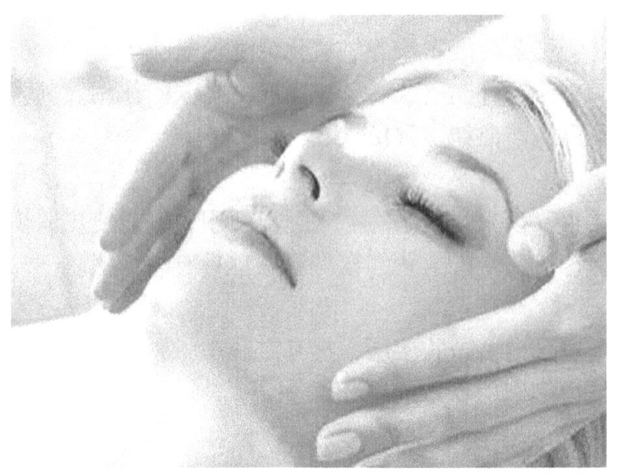

**图 1-4 涂拍化妆水**

2. 营养霜或乳液护理

通过使用适合肤质的营养霜或乳液可使皮肤滋润，在皮肤与有色化妆品之间形成保护屏障，防止有色化妆品中色素对皮肤的直接侵蚀。

(1) 将营养霜放在掌心，画圆搓揉约 10 秒，使营养霜略有温热感。

(2) 双掌慢慢由脸中心向外延伸，让肌肤充分接触保养品。

(3) 擦额头的营养霜，双手轮番往上推擦，可以松散皱眉、抬眉累积的纹路。

(4) 中指、食指与无名指的指腹紧贴下巴，画圆圈，能由下往上带动血液循环。

(5) 鼻子部分原本就分泌较多的皮脂，只要用最后剩余的营养霜轻按即可。

(6) 用温热的手掌紧贴脸颊包覆约 5 秒，热热的温感将营养

霜直送基底层，轻轻向太阳穴方向拉提，就会有紧实提神的感觉。

3. 涂抹隔离霜

使用时，取适量隔离霜置于额头、两颊、鼻尖、下巴5处，用食指、中指和无名指三指指腹，从脸颊处向上拉伸，扩展到额头中央，再向两边拉伸，随后轻轻拍打直至完全吸收。

## 第五节　问题皮肤的护理

### 一、暗疮皮肤的护理

由于皮肤皮脂分泌过多，使毛孔堵塞，皮脂淤积于毛囊内形成粉刺。当毛囊内有细菌大量繁殖、引起毛囊发炎时，便形成暗疮。暗疮通常为红色小丘疹，部分丘疹中央有小脓头，多发于面部、背部、前胸。暗疮消退后会留暂时性色素沉着，经过一段时间，颜色可逐渐淡化。若炎症位置较深，伤及真皮层，则愈后会留疤痕。

粉刺是暗疮的最初状态，尚无炎症，一般分为黑头粉刺和白头粉刺两种。黑头粉刺又称黑头，为开放性粉刺（堵塞毛孔的皮脂的表层直接暴露在外面，与空气和空气中的尘埃接触），表现为明显扩大的毛孔中的黑点，挤出后形如小虫，顶端发黑。白头粉刺又称白头，为闭合性粉刺（毛囊口被角质层覆盖，皮脂不能排出），为细小的皮下脂栓，表现为米粒大小的半球形白色小包，质硬，无自觉症状。

1. 美容院对暗疮皮肤的护理程序

（1）彻底清洁皮肤，分析并判断皮肤类型后，用离子喷雾仪蒸面。

（2）有粉刺的皮肤而又需去角质者，避开粉刺部位做局部去角质，然后用真空吸管吸啜粉刺，对于仅是粉刺而无炎症或暗疮不严重者，用阴阳电离子仪将收缩毛孔精华素导人皮肤，暗疮较严重的不宜做该操作。

（3）使用暗疮针（暗疮针是对暗疮、黑头、白头及其他部位的脓疱进行处理的一种工具）对暗疮进行清理治疗，每次至多清理5~6粒。具体方法如下。

①严格消毒暗疮针和施术部位。

②以近乎平行于皮肤的角度，用暗疮针尖锐的一端，从暗疮皮肤最薄的部位将暗疮轻轻刺破，不可刺至真皮。

③将暗疮针衔有小圆环的一端对准暗疮刺破口，用力下压，然后向一侧用力压拉，将暗疮内包含物彻底挤压排出。

④操作完毕，应及时将暗疮针彻底清洗、消毒。

（4）用高频电疗仪的玻璃电极对伤口及周围皮肤进行紫外线打点式火花电疗，帮助伤口消炎、收口、愈合。

（5）使用樟脑按摩膏进行面部局部（避开暗疮部位）按摩，时间为5~10分钟。

（6）导暗疮冷冻面膜或涂暗疮底霜后倒冷膜。

（7）喷暗疮收缩水。

（8）暗疮刺破伤口处涂暗疮消炎膏或暗疮收口膏，面部其他部位涂暗疮治疗霜。

2. 暗疮皮肤的日常护理

美容师针对暗疮皮肤作相应护理后，应提醒顾客采用正确的方法进行日常护理，以巩固美容院护理效果，加速暗疮的消退。

（1）保持面部清洁，选用偏碱性的洁肤用品，及时清洗，除去过多的油脂。

（2）不可随便挤压暗疮，避免感染。

（3）注意饮食，少食脂肪、糖类含量较多及刺激性较强的食品。

(4) 注意肝脏、肠胃的调理。

## 二、衰老性皮肤的护理

1. 美容院对衰老性皮肤的护理

(1) 清洁皮肤，分析并判断皮肤类型。

(2) 用去死皮膏（液）去角质。

(3) 用离子喷雾仪蒸面。

(4) 根据顾客不同部位皮肤的衰老状况不同，有重点地进行按摩15~20分钟。

(5) 用阴阳电离子仪将抗衰老精华素导入皮肤。

(6) 导营养面膜或倒热膜，配维生素E或人参蜂王胎盘蜜底霜。

(7) 喷滋润液，涂营养面霜。

2. 衰老性皮肤的日常护理

(1) 不要有过多及过于丰富的面部表情。

(2) 避免睡眠不足。

(3) 避免长期在光线暗的环境下工作。

(4) 加强体育锻炼。

(5) 重视皮肤水分补充。

(6) 合理使用化妆品。

(7) 避免烟酒等刺激。

## 三、敏感性皮肤的护理

过敏是由于皮肤对外界多种因素敏感而产生的一种特异性变态反应。轻微的只有皮肤发红、微痒等症状，严重的会出现皮疹、水疱、水肿等，应及时到专科医院进行检查治疗。

1. 美容院对敏感性皮肤的护理

在对敏感性皮肤的顾客进行护理时，无论是操作过程还是选用护肤品，均应注意避免对顾客皮肤形成刺激。具体护理步骤如下。

（1）清洁皮肤，分析并判断皮肤类型。

（2）用去死皮膏（液）去角质（禁用磨砂膏）。

（3）用离子喷雾仪远距离蒸面。

（4）用阴阳电离子仪导入精华素。

（5）面部穴位按摩（指压穴位），避免大面积揉按面部皮肤。

（6）可厚涂防敏感性底霜后倒冷膜。为了减少在启膜时对顾客皮肤的刺激，在倒膜前可将一块用冰水浸泡的 20 厘米×25 厘米的纱布，在口、鼻部挖洞后，盖在脸上，然后再倒膜。

（7）喷防敏感性爽肤水，涂防敏感性营养霜。

2. 敏感性皮肤的日常护理

（1）选择温和的弱酸性低泡沫洁面产品，每日洁肤次数不宜多，一般早晚各 1 次即可。

（2）洗脸水不可过热或过冷，出入居室要尽量避免温度的急剧变化。

（3）洁面后最好不涂任何护肤品，可用手指在脸上做一些轻柔的按摩（以手指敲击为好，不要用力过度），使面部肌肉放松，促进血液循环。如果要用护肤品，应尽量选择温和的，不含酒精、香料、防腐剂的植物成分护肤品。

（4）减少去角质的次数，每月 1 次即可，尽量选择黏土状的深层清洁类产品。

（5）有化妆习惯者，尽量选含水量高、香料少的液体粉底。卸妆应选择性质温和或专为敏感肤质而设的卸妆乳液，不可大力按摩。卸妆不彻底，皮肤敏感的几率会增加。在肌肤敏感时最好不化妆。而且不能频繁更换化妆品，更换前应做皮肤斑贴试验，

无不良反应方可使用。

(6) 应选择含物理性防晒成分（如氧化锌、氧化钛）的防晒产品，SPF 值为 15~30 比较适宜。

(7) 要注意营养平衡，可适当补充维生素 C，要避免吃虾、蟹等易引起过敏的食物。

## 四、色斑皮肤的护理

1. 美容院对色斑皮肤的护理

(1) 清洁皮肤，分析并判断皮肤类型。

(2) 用离子喷雾仪蒸面。

(3) 用去死皮膏（液）去角质。

(4) 涂祛斑霜，用超声波美容仪进行治疗。

(5) 进行面部按摩。

(6) 导入祛斑精华素（漂白精华素），抑制黑色素细胞分泌。黑色素颗粒，治疗护理过程中不可突然停止祛斑精华素的使用，否则会出现反弹现象。

(7) 涂祛斑（漂白）底霜，倒热膜或导祛斑面膜。

(8) 喷收缩水，涂祛斑营养霜。

在为顾客进行皮肤护理时，如果顾客的皮肤问题比较复杂，美容师应认真分析，逐一治疗，循序渐进，切不可急于求成，不能同时治疗几种问题皮肤。例如，顾客既有色斑，又有暗疮时，在护理中必须先治好暗疮，再治色斑。在治疗暗疮时，可采用超声波或红外线，禁用紫外线，以免使色斑加重。

2. 色斑皮肤的日常护理

(1) 尽量减少损伤因素，强刺激、日晒、药物、热辐射、长期摩擦等都会使肤色加深或引起色斑。

(2) 注意化妆品的选择，重金属含量过高的化妆品易使皮肤变黑。

（3）调节内分泌，某些激素可以促进黑色素细胞分泌黑色素颗粒。

（4）加强营养，偏食、消化吸收能力差等因素都可能引起色素沉着。

# 第二章　基础美容

## 第一节　认识化妆用具

### 一、化妆用具的选择

1. 镜子

化妆必须有一面好的镜子，而且镜子越大越好。镜子最好是两面：一面是正常比例；另一面是放大比例的。

2. 纸巾

纸巾可以用来擦掉画得不当或者溢出的化妆品。

3. 铅笔刀

铅笔刀用来削眉笔、唇线笔。

4. 镊子

镊子用来拔掉不整齐的眉毛。要想有个整洁的外貌，镊子是必备的，而且质量应该好，否则，会使皮肤受苦。

5. 化妆海绵

化妆海绵的用途是可以均匀地抹粉霜。清洗它的方法就是用香皂和清水洗净，然后放在通风的地方晾干。

6. 海绵棒

可以购买一头或者两头的使用。要有 2 个海绵签（共四头），一个头专用白色，一个头可以用桃红或者粉红色；另外的两个头，一个用深咖啡色，一个用浅咖啡色。

7. 斜面眉刷

斜面眉刷是配合眉粉用的，涂上去会使眉毛显得很自然，为了画好眉毛要学会转动斜面的方向。画眉头的时候，斜面要朝上；画眉尾时，斜面要朝下。

8. 圆面粉刷

圆面粉刷是用来抹眼影的。

9. 口红刷

用口红刷涂口红是一种非常经济的化妆方法。它一般用于蘸快用完的口红，并将其涂于唇上。你也可以买有伸缩功能的口红刷，这样既方便携带又可以保持清洁。口红刷还可以用来打唇部的轮廓线。一般专业的美容师喜欢用此工具。

10. 腮红刷

腮红刷是用来涂腮红的工具。当腮红刷弄脏以后，一般用香皂和清水清洗干净，然后自然风干。

11. 指甲刀

指甲刀是用于修理手指甲的工具。

12. 指甲锉

指甲锉是磨指甲的必备工具。

13. 小尖刀

小尖刀用于剪下分叉的头发，修饰繁杂的眉毛。

14. 睫毛夹

睫毛夹是夹睫毛的工具，能够使睫毛更加弯曲上翘。

15. 睫毛梳、眉梳

一般使用睫毛膏以后，睫毛会粘在一起，用睫毛梳可以将其梳理整齐；眉梳则是用来将眉毛梳理整齐的。

16. 眼药水

眼药水不仅可以使眼睛更加的明亮，还能有效地防止近视眼。

17. 棉花块

棉花块用于卸妆，洗指甲油。

18. 化妆包

外出时，可以将化妆品、化妆用具整理好，装入化妆包内，随身携带。

19. 化妆箱

专业的美容师为外出方便，常将所需要的化妆品、化妆用具整齐地摆放在化妆箱内。

20. 化妆托盘

化妆托盘用于在化妆的时候将化妆品井井有条地摆放其中，并放在随手可以拿到的地方，会使工作的时候得心应手。

## 二、化妆用具的保养

1. 刷具

大部分的刷子都是用动物毛制作的，所以，可以用洗头发的方式来洗这些用具。首先把洗发水和水以 3：7 的比例调和，把刷子以顺时针的方向在水盆里搅动 1~2 圈，稍微压一压后，用干净的水顺着刷子冲洗干净，再用适量护发素加水泡 2 分钟，顺一顺毛后在通风处晾干。晾干时不要把刷子直立放置，最好平放着等刷毛干燥，不然因受地心引力的作用，会让刷子的毛散塌下来。

2. 粉扑海绵

平常最好准备 2 个粉扑以便替换，毕竟这是和脸部肌肤接触的第一线，要尤其小心。清洗粉扑和海绵时，用中性洗剂洗净再晾干即可。

3. 睫毛夹

弄脏睫毛夹，可能是由于先涂睫毛膏之后再夹睫毛而引起的，其实这个程序是不正确的，最好改掉这个坏习惯。睫毛夹会脏的部分是那一对和睫毛接触的橡皮，只要每次用完以后用卫生纸擦干净就可以了。另外，还可以用棉花蘸少量酒精来擦拭。若无法清洁，可更换另一对。

4. 化妆包

布料的化妆包可以用水来清洗；如果是皮革，可用湿布轻擦，再以清洁油轻轻擦拭。

## 第二节　化妆基本程序

### 一、清洁皮肤

洁净的皮肤是化好妆的基础，在清洁皮肤的同时可适当加些按摩的指法和力度，舒展皮肤的张力，加快局部血液循环，增强细胞活力。在这种皮肤状态下，妆面牢固自然，化妆品与皮肤的亲和力强。

### 二、修眉

修眉即除去多余的眉毛，修整基本眉形（图 2-1）。

1. 修眉的用具

修眉的用具主要有眉钳、修眉刀、眉剪等。

2. 修眉的技巧

修眉可采取擢眉法和剃眉法。

（1）擢眉法。即用眉钳将多余的眉毛连根拔掉的方法。操作时，应绷紧皮肤，用眉钳夹住要除去的眉毛，顺眉毛生长方向快速拔掉。

（2）剃眉法。即用修眉刀将多余的眉毛剃去的方法。操作时，持修眉刀的手要稳，另一手绷紧皮肤贴根剃除眉毛。

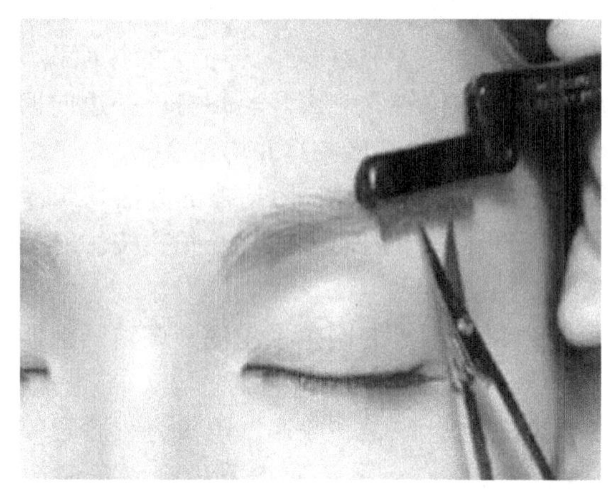

图 2-1 修眉

## 三、面部滋润营养

面部滋润营养内容前面已经叙述，这里不再赘述。

## 四、涂敷粉底、施粉

涂敷粉底可改善肤色与皮肤质感，遮盖瑕疵使皮肤细腻、有光泽。这是化妆的基础，肤色协调统一，自然柔和，是创造洁净妆面效果的首要条件。

1. 涂粉底和施粉用具

涂粉底和施粉用具主要有海绵扑、粉扑、粉刷等。

2. 涂粉底的技巧

一般粉底质感要与肤质、季节、妆型特点协调，粉底的颜色要与肤色、年龄特征相适应。涂敷要均匀，薄厚要适当。与面部相连接的裸露部位，如颈、胸、肩、背、手臂等都应涂敷。

（1）将适量粉底挤在左手手心，用右手手指蘸取，点于额部、两颊、鼻尖和下颌处，从左脸颊开始，一边用食指、中指和无名指的指腹轻轻拍开，一边向上拉伸扩大涂抹面积，指腹逐渐滑向眼睛周围和鼻翼位置，一边轻轻拍打，一边向四周均匀涂抹，最后落指于下颌处，轻轻拍打并均匀涂抹。

也可用潮湿的海绵蘸粉底，用拍擦的方法均匀涂敷于皮肤上，涂敷时由下向上，由内向外以涂、拍、按、的手法涂敷均匀，切忌来回涂抹。

（2）可利用深浅不等的同色系粉底，调整面部凹凸层次和脸形。

（3）涂敷粉底时，眼角、眼底、鼻翼旁、唇角等部位都应均匀覆盖。涂下眼睑时，眼睛向上看，涂唇角时，嘴唇要略张开。

（4）需要涂较厚的粉底化妆时，应分 2 次涂敷。先薄涂 1 层，使粉底与皮肤产生亲和，然后再用轻按的方法涂一层，涂敷时，不能来回抹。

（5）特殊皮肤的粉底涂敷要注意以下几点。

①皮肤敏感者，应用指腹涂敷粉底，避免海绵对皮肤的刺激。

②毛孔粗大、皮肤粗糙者，先用浅色粉底涂敷 1 遍，再用与肤色接近的粉底涂敷 1 遍。

③皮肤发红者，先用浅绿色或浅蓝色粉底涂敷红的部位，再用接近肤色的粉底涂敷。

④色斑皮肤，先用遮瑕膏涂在色斑部位，再涂敷接近肤色的粉底。

⑤较黄的皮肤应用粉红色粉底，使皮肤显得红润。

⑥较黑的皮肤要选择浅咖啡色或深土色粉底，切勿选择浅色粉底，防止粉底与肤色反差太大而显得不自然。

3. 施粉的技巧

用透明蜜粉或与粉底同色的蜜粉固定粉底，减少粉底在皮肤上的油光感，并可防止妆面脱落与走形。施粉时用两个粉扑，先以一个粉扑蘸上蜜粉，再与另一个对合按压一下，然后一个用于大面积的部分（如前额和面颊），另一个用于细小不平的部位（如鼻翼、眼周围及发际周围）。使用粉扑时要用轻按的方法，不要在皮肤上移动，以免破坏粉底色。最后用粉刷轻掸多余的浮粉，操作时，应以毛刷的刷腹着面，不要将刷头直对皮肤，以免刺激皮肤。

## 五、画鼻影

鼻子位于面部正中，面部的凹凸起伏，鼻子起主要作用。鼻影的晕染可使鼻梁显得挺拔，在弥补矫正鼻形不足的基础上，调整五官间距，使其与整体协调。

1. 画鼻影的用具

画鼻影的用具一般有眼影笔和粉刷等。

2. 画鼻影的技巧

（1）根据妆色选择适当的影色。

（2）将影色涂在鼻梁两侧，根据鼻形需要进行上下晕染，鼻影的形与妆型要协调（图 2-2）。

（3）在鼻梁上和鼻尖上涂亮色晕开，色彩晕染要柔和、自然。

（4）影色与亮色衔接自然，使凹凸感既明显又柔和。

另外，鼻子不高者，可由鼻根向眉头抹入深棕色的影色，鼻子两侧抹上棕色影色。然后从两眉中间沿鼻梁抹一道明亮的影色或比整体粉底颜色稍浅的粉底霜。鼻梁太宽者，用灰色眼影笔，在鼻梁的两侧勾上两条细细的直线，然后按一般规律施粉底，施完粉底后用手指将粉底与鼻侧线轻轻揉开。鼻翼较宽者，则用粉

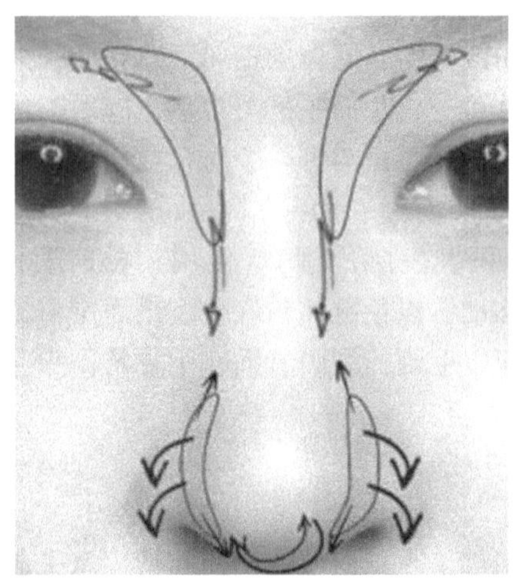

**图 2-2　画鼻影**

刷蘸一些浅棕色的影色在鼻翼上施入阴影，然后向内侧抹开。

## 六、描画眉形

眉毛是面部非常重要的部位之一，其形状不同，往往会给人不同的印象。眉毛给人的印象与眉毛的形状、宽窄、长短、疏密、曲直等因素关系密切。眉毛在脸部是横向的线索，因此，在做化妆造型时，常常利用眉毛的形状和色调来调整脸形，调整眉与眼睛的间距，增强表现力，以突出造型的个性特征。眉毛的造型应该是衬托与调整整个妆面的，不能孤立出现，使妆面显得突兀，从而破坏妆面的整体感。因此，眉的描画要与眼形、脸形协调，眉色要与肤色、妆型协调，眉形的描画要虚实相映、左右相称。

1. 画眉的用具

画眉的用具主要有眉扫、眉刷和眉梳等。

2. 描画眉形的技巧

（1）把眉笔削成尖形或鸭嘴形，用眉刷扫掉眉毛上的余粉。

（2）淡妆时可用羊毛刷蘸眼影粉刷描，使眉色显得自然，也可用棕色或灰色眉笔顺眉毛长势逐根描画。

（3）浓妆时，先用羊毛刷蘸棕色或棕红色眼影粉涂出眉毛的底色，再用黑色眉笔逐根描画。

（4）残缺不全的眉，先用棕色或灰色眼影粉涂于眉形整体，再用眉笔在残缺的部位一根根描画。眉毛粗硬垂落的，先用眉剪将眉毛修剪整齐，再进行描画。

（5）眉色描画过浓的部位，用眉刷刷去多余的颜色，将颜色晕染开。最后用眉梳将画乱的眉毛理顺（图 2–3）。

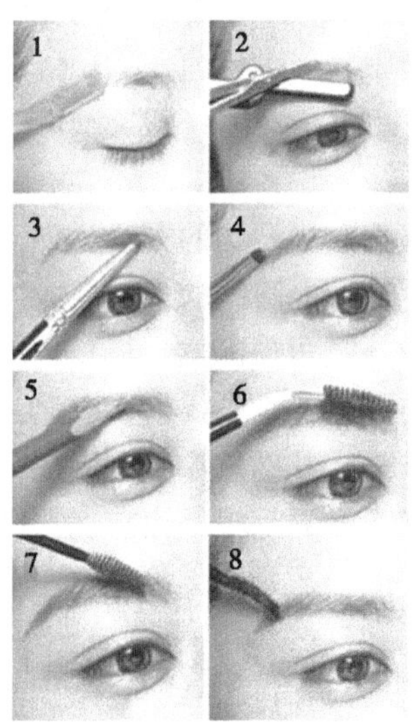


**图 2–3　描画眉形**

## 七、眼部化妆

1. 修饰眼睛的用具

眼部化妆时，通常会用到眼影刷、眼线刷、眼线毛笔、睫毛刷、假睫毛等。

2. 眼部化妆技巧

眼部化妆可分为3个步骤，即画眼影、画眼线和涂染睫毛膏（或粘假睫毛）。

（1）画眼影的技巧。眼影是化妆的主要标志，也是妆形的主要区别之一。眼影的晕染可调整和强调眼部凹凸结构，调整眉眼间距和眼形，使眼睛显得妩媚动人。眼影色要与妆型、妆色、服饰色调相协调。眼影晕染符合眼形的要求。色彩过渡要柔和，多色眼影搭配时，要丰富而不浑浊。

涂眼影通常有2种方法，一种是立体晕染；另一种是水平晕染。

①立体晕染：即按素描绘画的方法晕染，将冷色或含混的使物体有后退感的颜色涂于上眼睑的外眼角、内眼角、眉骨与眼球间凹陷处及下眼睑的外眼角等部位，将亮色涂于眉骨下方和眼球中部皮肤上，影色与亮色的晕染要衔接自然，明暗过渡合理。

②水平晕染：首先将基础色涂于上眼皮，如浅咖啡色、浅粉红色等，再将深色眼影沿睫毛根部涂抹，并向上晕染。使用的颜色越向上越淡，由睫毛根部开始，色彩由深到浅渐变，眉骨下用亮色，色彩过渡要柔和自然。

（2）画眼线的技巧。描画眼线可使眼部轮廓清晰，增强眼睛的黑白对比度，加强眼睛的神采。眼线的描画要整齐干净，眼线的形要符合眼形和个性的需要，眼线的宽窄、色调要与妆型相协调。

画眼线有2种方法，一种是用眼线笔描画；另一种是用眼线

液描画。

①用眼线笔描画：选择软芯防水眼线笔，把笔尖削薄、削细，沿睫毛根部描画，上眼线粗，下眼线略细。当笔的描画不上色时，可用笔尖蘸少许油膏后再描画。用眼线笔描画显得柔和自然，适于生活妆。

②用眼线液描画：选择防水眼线液由眼尾向内眼角描画。描画时手要稳，下笔要均匀，上眼线和眼尾的描画要高于眼睛轮廓。用眼线液描画显得艳丽夺目，适于浓妆。

（3）涂染睫毛膏的技巧。睫毛膏的用途是使睫毛看起来更密、更浓、更翘、更长，从而使眼睛显得更大、更有神、更妩媚动人。

①睫毛向下垂或自身睫毛较长者，应先用睫毛夹夹卷睫毛。操作时依次夹住睫毛根部、中部、梢部，使睫毛产生弧度向上翘，不要固定在一个部位时间过长，以防睫毛出现角形弯曲。

②上眼睑的睫毛应用睫毛刷从根部向睫毛梢纵向涂染，边涂边转睫毛刷，下眼睑的睫毛要横向涂染。

③需要涂得厚些时，应先薄涂 1 层，在睫毛上沾少许蜜粉后，再涂染 1 层睫毛膏，要避免 1 次涂得太厚。要保持睫毛一根根的自然状态，避免粘在一起。

另外，当睫毛生长得太短或太稀少时，可借助于假睫毛进行修饰。假睫毛由真毛或人工合成毛制作而成，颜色丰富，长短不一。使用时先根据需要对成形的假睫毛进行修剪，使其与自身睫毛的角度协调一致，修剪后要有参差感，以显得自然；然后在睫毛根部涂上睫毛黏合剂，要避免涂得过多，以防外溢；用镊子夹住假睫毛，紧贴自身睫毛根部按压，粘贴牢固。

**八、修饰面色、面形**

面色的修饰主要靠腮红的使用，脸形的修饰则主要是靠深、浅粉底的合理运用和影色与亮色的适当点缀。

1. 修饰面色、面形的用具

修饰面色、面形通常会用到腮红刷、轮廓刷等。

2. 修饰面色、面形的技巧

(1) 修饰面色的技巧。涂敷腮红可使人显得健康精神，弥补脸形的不足。腮红的颜色应与口红、眼影色相协调。腮红膏可用手指或海绵粉扑涂抹，粉状腮红则一定要选择腮红刷。

用腮红刷蘸少量胭脂粉，均匀扫在颧骨下凹陷部位，即嘴角到耳孔的连线上，然后将浅色胭脂扫在颧骨处，注意不要有边缘线。

圆形涂擦可以制造青春活泼的气质，由外向内斜向涂擦可以帮助拉长脸部轮廓提升成熟气质，平直的横向涂擦可以帮助长脸形的人调整脸部轮廓。

涂擦腮红的位置和涂擦面积的大小应依据脸形而定：一般长形脸应从脸颊部位开始向耳朵方向横向扫；方形脸使用斜形涂法，可离鼻子稍近些；菱形脸可在整个突出的颧骨部位，微呈射线状扫上腮红，可达到收敛颧骨的效果；正三角形脸则从颧骨向太阳穴方向涂擦，下面深，上面浅；倒三角形脸由太阳穴向颧骨方向涂擦，面积不能大；圆形脸可用斜形涂法或圆形涂法，后者较适合年轻女孩。

(2) 修饰面形的技巧。

①当面部较宽大或局部较宽大时，在椭圆形范围内用浅色粉底，“T”字区加亮色。在椭圆形范围外用深色粉底和影色进行收敛。

②当面部较窄小或局部窄小时，用浅色粉底涂敷于整个面部，窄小的局部用亮色拓宽，并适当加些粉红色，使其显得宽大和饱满。

③深浅粉底过渡均匀，衔接自然。

④保持妆色洁净，不能因矫正脸形而使用与肤色相差悬殊的粉底色。

## 九、画唇

唇是常动的部位，也是展现女性美的主要部位。画唇可以使唇部轮廓显得清晰，唇色红润，弥补和矫正唇形的不足。唇膏颜色的选择要与服装色、肤色相吻合，应与眼影和腮红属同一色系。不同年龄、不同场合下，选择唇膏的颜色也不一样，日常生活中宜选择与天然唇色相近的唇膏，而在晚宴或舞会等一些灯光型场合下，则宜选择色彩强烈的唇膏。

1. 画唇用具

画唇用具主要包括唇刷和唇线笔。

2. 画唇的技巧

（1）先用护唇膏护理唇面，唇边缘涂遮盖霜。

（2）用削成鸭嘴形的唇线笔或羊毛唇笔勾画唇轮廓线。

（3）用羊毛唇笔蘸适当颜色唇膏从唇角向唇中部涂抹，由外向内涂满。

（4）化淡妆时用纸巾吸去唇面的亮光。

（5）化浓妆时在唇膏最饱满的部位涂上光油，使唇肌显得饱满，唇形富有立体感。

## 十、修妆、定妆

整个妆面完成之后应站得稍远一些，看妆的整体效果，看妆型、妆色是否协调，左右是否对称，底色是否均匀，如有不足可做适当修妆，最后定妆。

1. 修妆、定妆的用具

修妆、定妆常用海绵、粉扑、粉刷，有时也可适当使用以下几种用具。

2. 修妆、定妆的技巧

整个妆面完成后，应使用定妆粉或散粉定妆，吸收多余水分和油分，让妆容保持得更加持久。一般先用粉刷蘸少量深色定妆粉（或散粉）刷在外轮廓处，注意要均匀而不露边缘线。然后用刷子蘸少量浅色定妆粉（或散粉）刷在高光处提亮。散粉宜少、宜薄，尤其是脸颊和眼部。最后用大粉刷刷去多余散粉。

另外，为使整体化妆自然和谐，还应在脖颈部位进行妆面衔接，选用比脸部基础底色深一度的颜色，用化妆海绵均匀地抹在脖颈部位，然后用定妆粉（或散粉）定妆。

## 第三节　脸形修饰

脸形修饰是指将不标准的脸形修正成标准的脸形。不过由于每一个人的脸形都各有不同，所以，在修饰上的重点也不一样。

### 一、标准脸

颧骨比较不明显，脸形长短、宽窄配合最适宜，这种脸形是最标准的脸形。标准脸的化妆要着重自然，不要过分修饰。

1. 彩妆

（1）粉底。打上肤色粉底，在两颊加上深色粉底即可使脸形显得更具立体感。

（2）眉毛。顺着眼睛把眉毛修成正弧形，位置适中，不宜过长，眉头与内眼角齐。

（3）鼻影。视鼻子长短来修饰，以自然、立体为主。

（4）口红。依唇样涂成最自然的样子，除非嘴唇过大或过小。

（5）腮红。抹在颧骨最高处，而向后向上化开。两颊轻刷上椭圆形的腮红或标准腮红。

2. 发型

此种脸形适合任何发型。发型上采用中分头路、左右均衡的发型最为理想。

## 二、长形脸

脸部较长，有的是额部长，有的是下巴长，给人脸长而不柔和的感觉。属于这种脸形者，应利用化妆来增加面部宽阔感。在脸上打好均匀肤色粉底，在两腮和下巴部位加上深色粉底，使脸不会显得太长，看起来比较秀气。

1. 彩妆

（1）粉底。两颊下陷窄小者，宜在两颊部位敷淡色粉底成光影，使其显得较为丰满。额部和下巴都要打上深色粉底。

（2）眉毛。眉毛2/3画直，眉峰不宜太高，也不要往下，画长一点（类似一字眉）。

（3）眼线。适合画椭圆形眼线。

（4）鼻影。不适合做太明显的鼻影，应以自然为宜。

（5）口红。上唇不要画得太丰满，下唇可画得丰满些。

（6）腮红。抹在颧骨的最高处与太阳穴下方所构成的曲线部位，然后向上、向外抹出，前端距离鼻子要远些。

2. 发型

此种脸形不适合将头发中分，也不要梳得太高，前额要留些刘海。发式可采用7∶3的比例或更偏分的头路，这样可使脸看起来宽些。发型以往下覆着及两边有素软发卷为合适。

## 三、圆形脸

最可爱的脸形就是圆形脸，缺点是脸形太圆、太宽，而且下巴及发际都呈现圆形，缺乏立体感，要修改成理想的椭圆形并不困难。最好能在两腮和额头两边加深色粉底，并且以长线条的方式刷染，强调纵向的线条，拉长脸形。下巴和额头中间则加上白色粉底，这样就会使圆脸感觉修长立体。

1. 彩妆

（1）粉底。两腮加深色粉底，下巴和额头中间加白色粉底。

（2）眉毛。眉峰1/2带角度，眉毛画高点，两眉距离近点，眉梢往上，眉毛不宜过长，不要画得太浓。

（3）眼线。适合画长形眼线。

（4）鼻影。视鼻子长短来画，在鼻梁两旁画两条深色，鼻子中间画白色。

（5）口红。嘴唇部分上唇化成阔而浅的弓形，但是避免画成圆形，最好是淡色。

（6）腮红。涂法是从颧骨一直延伸到下颚部，必要时，可利用暗色粉底做成阴影。

2. 发型

此种脸形适合将头发往上面梳，但不要梳得太宽。发式以6∶4的比例来分头路最好，这样可使脸不显得那么圆，两侧要平服一些，若有刘海的，则必须弄厚些，并要有波浪。

## 四、方形脸

脸形线条较直，方方正正，额头、面额较宽，下巴稍嫌狭小，缺乏温柔感，修饰方法是在宽大的两腮和额头两边加深色粉底，额头中间和下巴加白色粉底，另外，再强调出眉和唇等部分的妆彩，这样方形的脸就会显得修长，表现出温和的特质。

1. 彩妆

（1）粉底。两腮和额头两边加深色粉底，下巴和额头中间加白色粉底。

（2）眉毛。标准眉形或角度眉皆可，但眉峰不宜太明显。

（3）眼线。适合画圆形眼线。

（4）鼻影。视鼻子的长短来画，鼻梁两旁颜色不宜太深。

（5）口红。上下嘴唇画圆些。

（6）腮红。两颊颜色刷深、刷高或刷长。

2. 发型

此种脸形的两颊头发不适合太短，宜往前面梳。

## 五、倒三角形脸

倒三角形脸即是人们所说的瓜子脸、心形脸，它的特点是脸形比较尖，具有上宽下窄的特征，额头较宽，下巴较尖，给人以忧愁的感觉。需在颧骨、下巴和额头两边着深色粉底造成暗影效果，于脸颊较瘦的两腮用白色或浅色粉底来修饰，使整个脸看起来较丰满、明朗化。

1. 彩妆

（1）粉底。如果下巴显得特别尖小的人，脸的下部便要用浅色的粉底；而过宽的前额宜用较深的粉底，两腮加白色粉底。

（2）眉毛。眉形应顺着眼睛的位置，不可向上倾斜。以细眉为主，眉头与眉尾平行。画法与标准眉形相同。

（3）眼线。依眼睛形状来画，需明显些。

（4）鼻影。视鼻子长短来修饰。

（5）口红。嘴唇要显得柔和。

（6）腮红。涂在颧骨最高处，颜色加深，然后向上、向后化开。

2. 发型

此种脸形适合将前面的头发往下梳。发式头发以 6：4 的比例来分头路会使额部显得小一些，发型要造成大量的发卷而蓬松，并遮掩部分前额。

### 六、正三角形脸

此种脸形额头窄小，两腮方大，显得上小下阔，给人沉着大方又威严的感觉。此类脸形的化妆秘诀跟圆脸、四方脸差不多。可运用暖色调强调出本身的沉着、大方和亲切。

1. 彩妆

（1）粉底。在两腮较宽部位加深色粉底，显得比较深凹，弥补下脸部宽大的缺点；在狭小额头和下巴加上白色粉底，让它突出饱满。

（2）眉毛。眉毛最好保持原状态，以自然眉形画法，眉毛加粗，眉尾处比眉头稍高。

（3）眼线。适合画椭圆形眼线。

（4）鼻影。视鼻子长短来修饰，以自然为宜。

（5）口红。可描丰满些，下嘴唇不宜画成圆形，嘴唇唇角要稍向上翘。

（6）腮红。在两颊刷高些、长些，由眼尾向外方向抹涂，以斜刷为宜，对于两腮可用较深的粉底来掩饰。

2. 发型

此种脸形的发型以自然为宜，切忌往上梳。发式头发最好以 7∶3 的比例来分头路，会使额部看来更阔些。

## 第四节　妆型设计

### 一、日妆

日妆也称为淡妆。妆色清淡典雅、自然协调，对面容的轻微修饰与润色，会给人以自然、生动的感觉。一般日妆需维持的时间比较长，要使亮丽的妆面持久光辉，上妆时，要避免草草地将化妆品涂在脸上。要化好一个日妆，就要重视对每一种化妆品的选择，重视化妆的每一个细节。

1. 涂敷粉底

调整肤色是化日妆的重要内容。干性皮肤选择粉底霜，油性皮肤用粉底液或粉饼，红脸膛或微细血管外露的皮肤用淡绿色粉底，黄灰皮肤选择粉红色粉底，偏黑的皮肤用颜色略深的粉底。

粉底涂敷得要薄且均匀，展示皮肤的自然光泽，尤其是有皱褶的皮肤部位，厚厚的粉底反而会使皱褶显得更为严重。

2. 施粉

可避免粉底的油光感，使底色自然柔和，粉质要细而透明，扑粉要薄而均匀。

3. 画鼻影

鼻侧影的修饰要浅淡、自然，不能为了矫正鼻形而显出较深的阴影色，否则，会使面部显得不洁净和有生硬感。

4. 眼部的修饰

眼部化妆修饰方法不同是日妆与晚妆的主要区别。

(1) 眼影。色彩运用要柔和，色彩搭配要简洁，肿眼泡儿或眼袋下垂者，为避免问题加重，眼影色忌用红色。

(2) 眼线。上眼线线条要细，紧贴睫毛根部描画，不能为了改变眼形而将眼线拉得过长或挑得过高，下眼线的描画要浅淡，一般描画到从外眼角起的1/3部位或1/2部位。

(3) 涂染睫毛膏。夹卷睫毛后涂染睫毛膏，可以使眼睛显得富有魅力，但应避免涂得过厚，不宜粘贴假睫毛。

5. 眉的描画

可用灰色眉笔或棕色眉笔轻轻描画，再用眉刷晕开；或者用棕色、灰色眼影粉涂在眉毛部位，显得自然柔美。

6. 涂腮红

化日妆时，腮红宜浅淡或不涂。

7. 唇的修饰

用唇线笔蘸唇膏勾出唇轮廓，再填充整个唇部。涂唇膏后用纸巾将唇部过亮的油彩吸掉，使嘴唇显得健康而自然。

8. 衔接妆面

用化妆海绵蘸深色粉底，以比基础底色深为佳，轻轻涂抹在脖颈部位，再用粉扑蘸定妆粉定妆。

## 二、晚妆

晚妆也称为浓妆。与日妆不同，一般晚会灯光较暗，因此，晚会服饰应选得华丽，而妆色也要浓而艳丽，色彩搭配可丰富、协调，明暗对比略强。

晚妆多为浓妆，用于夜晚和较强灯光下及气氛热烈的场合，显得华丽而鲜明。妆色要浓且艳丽，色彩搭配可丰富协调，明暗对比略强。五官描画可适当夸张，面部凹凸结构可进行适当调整。

1. 涂敷粉底

涂敷粉底是遮盖瑕疵、改善皮肤颜色和质感是化晚妆的基础。粉条和膏状粉底遮盖性强，可使皮肤显得细腻，适于晚妆应用。但由于晚妆所处的场合灯光较强，粉底颜色宜深些、红润些，从而避免在强光下皮肤显得苍白无色。涂敷时，色斑皮肤应先涂遮瑕膏遮盖色斑部位；微细血管外露的皮肤或红脸膛者应先涂 1 层淡绿色或淡蓝色底霜矫正肤色；肤色较黑的皮肤应先涂 1 层接近肤色的底色，再用粉条或膏状粉底遮盖。

2. 施粉

施粉可防止粉底脱落、妆走形。但施粉后会使妆面产生朦胧感，缺少靓丽效果，此时可用潮湿的毛巾在施粉后的妆面上轻轻按一按，这样既可防止妆面脱落又可保持靓丽的光泽。

3. 画鼻影

鼻侧影的晕染可根据鼻形需要给以适当矫正，影色与亮色应协调应用，使鼻梁达到挺拔的效果。

4. 眼部的修饰

眼部的修饰是展示浓妆特点的首要部位，具体原则如下。

（1）眼影。色彩运用应明朗，对比效果较强，色彩搭配要丰富、协调。可根据不同眼形条件给以不同的修饰，增强眼部的凹凸效果。

（2）眼线。眼线的描画可根据眼形需要进行适当的矫正，线条可适当粗些，色彩宜鲜艳。

（3）睫毛。可粘贴假睫毛，但要与自身睫毛浑然一体，睫毛的颜色可用黑色或蓝色。若涂抹睫毛膏，可涂厚些使睫毛显粗，但应分两次涂。

5. 眉的描画

化晚妆时，眉的描画要鲜艳，线条要清晰。先用眉刷蘸少许棕色或灰色眼影粉涂刷在眉毛处作底色，再用黑色或深棕色眉笔一根根地进行描画，使眉形富有立体的虚实感。

6. 涂腮红

可根据脸形需要将适当颜色的胭脂涂刷在相应部位，用于调整和弥补脸形的不足，改善面部凹凸层次。

7. 唇的修饰

化晚妆时，唇的轮廓要清晰，色彩宜艳丽。首先用粉底或遮瑕霜涂敷在需要矫正的唇边缘，用唇线笔勾画轮廓，然后在轮廓内填满唇膏，并涂上光油。

8. 刷轮廓红

根据脸形的需要在发迹边缘或颈部涂刷轮廓红。

9. 衔接妆面

与化日妆衔接妆面方法相同。

## 三、新娘妆

新娘结婚当天的肤质感相当重要，要想塑造水嫩透明的肌肤，必须做好基础粉底。

1. 敷粉的方法

(1) 先将底霜涂匀全脸。涂抹时，应由脸颊内侧（即眼睑下、鼻梁旁位置）开始，向脸颊外围薄薄地涂上1层。

(2) 用手指蘸适量的粉底液，与涂底霜时差不多，从眼睑下的颧骨位置开始，以扇形向外侧涂抹，直至涂匀整个面颊；然后以同样的方法，涂抹另一边面颊。要注意发边位置，同样要涂上粉底。涂抹时，从指尖至第二指节都可使用，这样，粉底更易涂匀。

(3) 用刚才涂面颊时剩余的粉底来涂抹鼻下及下巴位置，此两处要涂得薄一点，故不要重新取粉底。

(4) 以眉心做中心点，分别向上、向左及向右拨开。

(5) 用涂抹额头时剩余的粉底，从眉心向鼻子涂上，切记最后要在鼻翼两旁轻压。毛孔较大的位置，如鼻翼两旁，用指头轻轻压上，比涂抹方法更好。

(6) 若担心面旁两边（轮廓位置）的粉底不均匀，可使用没有沾上粉底的干净海绵，向外轻拖几下即可。

(7) 用与肤色接近的遮瑕膏，用指尖如扇状般地从内眼角向外轻印。若黑眼圈较严重的话，最好选用比肤色略深的遮瑕膏。

(8) 而上眼睑，同样要以遮瑕膏均匀肤色（必要时，可借助海绵抹匀）。

(9) 至于微细的瑕疵，只需以细号遮瑕膏轻轻点上便可，眼油多的人，可不必做此步骤。基本上，整个基础粉底的程序已经完成。此时，可照照镜子，看看肤色是否均匀。

（10）要加强面部的凹凸感，可用带有珍珠感的粉底，在“T”字部位均匀涂上（若没有需要，这个步骤是可以省去）。

（11）最后，用散粉扑沾上散粉，轻扑于整个脸上；使用少量蓝色的散粉，扑于眼睑下。这样，该位置看来会较光亮。

2. 化妆的方法和注意事项

（1）粉底切忌涂得太白、太厚。这一点是美容院最容易犯的通病，那是受日本古典传统化妆的影响。现在化妆趋势既然已经走向素雅、自然之道，新娘化妆当然也不例外，将一张自然的面孔涂得又白、又厚，像一张木偶脸似的，这是不恰当的化妆法。

清洁皮肤之后，要擦化妆水，打底时要以肤色来决定粉底的颜色，新娘化妆的粉底的颜色应调配成比自己肤色稍微深一些，尤其是圆脸。脸大的人粉底尽量调深一点，会使脸看起来小些；脸小者反之，不过不宜太白。总之要使新娘脸部肌肤看起来柔嫩而美丽。涂完粉底后就可开始第一次打影，眼影、鼻影是用来修正脸形的。修正脸形是弥补脸部缺点、发扬优点的过程。

（2）假睫毛不可戴得太浓。眼睛是灵魂之窗，最能影响整个外表，所以眼睛是化妆最重要的一环。眼睛戴上合适的假睫毛，将使眼睛更大、更媚、更灵活；但是假睫毛太浓反而会使眼睛浑浊，远看只见两只黑洞，毫无美感，最好戴上柔软稀疏的假睫毛，上下各一副就够了。如果是单眼皮的新娘，可以视眼睛的大小贴上胶纸，再画眼线。画眼线时，中间稍宽，两头要细，且紧贴睫毛处。

（3）肤色全身上下要一致。时常看到一些女孩子，脸上涂得白白的，而颈部、胸口、耳朵及手臂却是黄黄的，看来就觉得是一道假面具。成功的新娘化妆，面部与身体的其他部位，凡是露出在外面的皮肤，颜色都应该一样。

（4）色彩要协调。这包括眼影、口红与指甲油之间的色彩搭配问题。通常缺乏化妆经验的新娘，都任由化妆师处理。对于有正确审美观念及对色彩学有研究的化妆师，当然是可以信任的，但是一些缺乏美学修养的化妆师则不可信赖。要记住一个原则：每一个色彩都要和当天穿的最久的那件礼服颜色相协调，这样就不会太离谱了。

（5）口红的涂抹要恰当。新娘化妆的最后一道程序是口红。先修正唇形，描绘理想的唇形，涂上口红后，再用亮光口红，涂在上面，使嘴唇光润好看。肤白者可涂浅色口红；肤黑者不可涂太浅的口红。

（6）新娘的装饰色调要统一。以衣服为主，新娘结婚当天所穿的服装，应该是属于同一色系，这样才便于打扮。不要忽而穿红色礼服，忽而着黄色礼服，完全不同的色调，会使化妆师很难选择眼影。

个性文静、成熟的人，适合选择属于粉红色系的衣服，包括红色、白色、蓝色等。同时，可以配合蓝色的眼影、粉红色的口红和指甲油。

# 第三章　修饰美容

## 第一节　美　甲

美甲是指对指甲的修饰美化工作。具体来说，就是先将指甲表层锉薄，然后在指甲上贴上一个仿真指甲盖，从而使手指看起来更加修长、美观。

### 一、美甲工具

（1）种类繁多的指甲锉、指甲刷。

（2）各种指甲钳、镊子、剪刀等。

（3）型号不同的细圭笔。

（4）涂金银粉用的笔刷、榉木棒等。

（5）分指器、小锉刀、润肤膏。

（6）种类、颜色不同的指甲油。

### 二、美甲的过程

1. 修剪锉平

（1）手持指甲锉的1/3处，食指靠着大拇指，指甲尖顶着指甲锉，用倾斜45°～90°的方向直拉，如果作四角形指甲可反复拉挫。

（2）锉大拇指时，要把大拇指放到食指上。

（3）在侧面磨指甲时要保证指甲锉一定要直。

（4）修角的时候，向指甲中心方向锉。

（5）修另一角时，也要向指甲中心锉，并保持左右对称。

（6）如果想修指甲边缘的老皮，可先将手放入盛有温水的洗手钵中浸泡，使其变软。

（7）在小木棒上卷上棉花后浸湿，然后用小指支撑，用小木棒回旋式向上按压皮肤。

（8）用纱布缠住手指并适当弄湿，上下擦拭。

（9）侧面也同样，去除其中的污垢。

（10）有肉刺时可用小剪刀剪掉。

用锉刀锉磨指甲表面，可以左右交叉磨，但不要用力。轻磨指甲表面可使其光泽。

2. 旧指甲油脱色

（1）把棉花折叠后用手指根夹住，蘸一些洗甲水，注意不要用手指拿棉花。

（2）尽可能不接触皮肤，擦过1次后就变换棉花的位置，用干净的棉花面擦，注意不要反复擦。

（3）在边缘仍有残留的余色，利用棉花的角擦去。

（4）如果凹沟里仍有残色，可用棉签除去。

（5）最后再仔细地擦指甲的反面。

3. 指甲护理

（1）弯曲关节，从手指根部向指甲螺旋式按摩。

（2）强力推压手指间的指根。

（3）滑动式按摩手背上骨与骨之间的肌肉与筋。

（4）用拇指对手掌进行全面按压。

（5）指甲长的人可弯曲十指进行按压。

（6）在指甲的反面滴护理油。

（7）在指甲周围进行整体按摩。

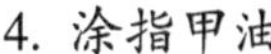

4. 涂指甲油

（1）指甲油的分类。

①珠光指甲油。在特定光线下，呈现出轻盈的珠光效果。

②炫光指甲油。不同的光彩下会产生不同的颜色，有霓虹七彩的感觉。

③雾光指甲油。像磨砂玻璃般的雾面质感。

④亮片指甲油。指甲油中加入亮片或亮粉。

（2）涂指甲油的方法。

①在涂指甲油前，最好先涂一层护甲底油，以保护指甲的健康，同时，也可以让指甲油更容易上色及持久。

②涂有颜色的指甲油之前，应该先涂一层透明的底油，也可以用透明指甲油代替。等干了以后再涂所选颜色的指甲油。指甲油的颜色越深，对指甲的伤害越大，也比较容易使指甲变黄，所以，最好涂抹 2~5 天，就让指甲休息 2 天。

③涂指甲油的技巧是先涂指甲幅面的中间，从指甲底涂一道指甲油到指甲尖，然后再涂两边，最后再涂整个指甲。因为，指甲尖上的指甲油容易被弄坏。涂指甲油的时候，应该从指甲根不断地涂到指甲尖。先涂中间，然后涂两边，这样可以避免一般最常发生的厚薄不均问题以及进行不必要的修改。

④所涂的第一遍指甲油干了以后再涂第二遍。涂完后的要等数分钟，另外，也可以在指甲上描绘一些精美的图案，达到美的效果。随后用舌尖轻轻地舔最后一个手指上的指甲油，感觉平滑不粘时就可以了，不然涂好的指甲油也会被弄坏。

⑤最后为了使指甲油更加坚固、漂亮，应该涂 1 层无色透明的指甲油作为表油。

涂指甲油可添增女性的美感，但同时也会为指甲带来一定程度的伤害，所以，在选购指甲油时，要避免选用含甲醛成分的指甲油。

（3）指甲油的保存。

①当指甲油呈黏状、变干或者有颜色分离的现象，就要怀疑它是不是变质了。

②一般指甲油的保存期限约 2 年，不打开的指甲油可以保存 3 年。

③瓶口要盖紧，否则，里面的溶剂容易挥发掉。成分一旦挥发，指甲油会变得又稠又浓。

④若指甲油变稠变浓，可用稀释剂稀释，但一般指甲油只能稀释 2~3 次。

⑤不能用丙酮或去光水来稀释指甲油。

⑥指甲油放置一段时间不用后，不仅色素会沉淀，而且瓶子里面的金属球也会同时把成分分散出来，所以，用前要摇匀。

⑦不合格指甲油的问题不在颜色，而是产品的成分。它可能含有导致过敏或影响身体健康的廉价化合物，而不良的甲苯也会使指甲干燥、枯黄。

## 三、指甲的保养

（1）不能用铁棒磨指甲，因为，铁的材质较硬、摩擦力较大，容易使指甲断裂。

（2）定期对双手进行保养。

（3）多吃含维生素 $B_2$ 的食物，例如，肝脏、蛋黄、胚芽及绿色蔬菜等。

（4）需要时可涂上防护指甲油。

（5）长期涂抹指甲油会使指甲变黄，一旦不涂，反而更难看，因此，对于经常涂指甲油的人，保养更不容易忽视。应该 1 周有 2~3 天不涂指甲油，否则，指甲的水分、油分不足，会造成指甲的前端裂开，失去光泽而易断。

（6）上指甲油过久会产生色素的沉淀，可以使用护底指甲

油隔离有颜色的指甲油，保护指甲，避免色素沉淀。另外，一般浅色指甲油在 7 天后卸除，深色指甲油在 3 天后卸除，也可避免色素沉淀而使指甲发黄。

（7）应避免使用不当的去光水，否则，会使指甲油的色素沉淀，指甲的表面也容易干裂。

## 第二节　去　痣

### 一、痣的生理特性

痣的全称是“黑色素细胞母斑”，是由黑色素细胞聚集增生所引起的。刚开始形成时，颜色比较淡，呈扁平状，然后就会慢慢变大、凸起及颜色加深。

痣的种类很多，每种的成因也不同。黑色素沉积在真皮层称为真皮内痣；沉积在真皮层与表皮层之间称为交界痣；兼有上述两种属性的称为混合痣。根据这些特点，采用激光治疗、高频电烧或者手术切除等方法去痣。选择方法时要慎重，不能因去痣而留下不美观的疤痕。

### 二、去痣的必要性

1. 影响美观

固定的无增长的棕色痣、褐色痣、黑色痣不影响健康，但是会影响美观，从而使爱美的女士睹痣伤神。

2. 影响生活

一些位置特异的痣会造成生活的不便，如长在眼皮边缘如眼睑的痣，会影响视觉。

3. 发生痣变

在各种痣中，最常见的黑痣（色素痣）如果发生恶变，可能会引起皮肤癌；痣的病变可发生转移，如转移到脑等部位，严重时，可能引起偏瘫、失语、眼斜，甚至死亡。

（1）易病变的痣的种类。痣变成癌（即恶性黑色素瘤）的发病率很低——十万分之一左右，大约 50 万个痣中有一个会发生恶变。因此，专家认为绝大多数痣是不会变成恶性黑色素瘤的。容易发生病变的痣大致有以下几种。

①大的痣：痣的大小有时可预示将来是否会引起麻烦。研究表明，若痣的直径大于 0.2 厘米，则恶性变化的几率高达 6%以上；若直径大于 0.25 厘米，日后约有 10%的几率会演变成恶性黑色毒瘤。所以，身上有 5 颗以上直径超过 0.5 厘米的痣，或直径大于 0.2 厘米的痣总数超过 50 颗，最好立即就医查明情况。

②易摩擦的痣：长在易摩擦部位的痣，如长在手掌、足部、颈部、腋下、胸部、头部、背部和生殖器等易受磨损部位的色素痣，恶变几率较高，必须定期观察或直接去除，以防恶变转移。

③暴露在外的痣：阳光或紫外线可能增加痣发生恶变的几率，因而长期明显暴露部位的痣最好要去除。

④长在四肢的痣：脚底的痣是黑色素瘤好发部位。据医学统计显示，四肢末端的痣中，许多是恶性的，像手指或指甲下面的痣要特别注意。东方人大部分的恶性黑色素瘤都是发生在手部及脚部。因此，如果发现手掌及脚掌的黑痣生长速度不正常，一定要尽快就医。

⑤蜘蛛痣：形如红色小蜘蛛，按压时会褪色，这种痣是肝硬化或肝癌的特有表现。

个人生来就有的痣演变为癌的几率较后天性的痣要大得多。这些都表明，小痣也不容小视。

（2）影响痣变的原因。痣发生变化的原因并无定论，但可能跟以下几个因素有关。

①种族与遗传：白种人容易发生恶性黑色素细胞瘤。另外，

不仅痣的数量、性质与遗传有关，而且黑色素细胞瘤的发生也与遗传有关，因此，那些家庭中有恶性黑色素细胞瘤患者的人更需注意。

②环境因素：日光的暴晒可能会引起痣的变化。年轻时曾经严重晒伤至起水泡的人，将来得黑色素细胞瘤的几率比一般人高。

③创伤与刺激：大多数恶性黑色素细胞瘤患者恶变前有创伤史。

## 三、去痣的方法

### 1. 冷冻去痣

（1）原理。人体的组织细胞，受破坏的临界温度为-20℃，如果对组织施以此温度以下的低温，就可以使细胞变性坏死。利用这一原理，对有碍于皮肤美容的赘生物，如痣、雀斑、老年斑、色素斑、血管瘤等施以冷冻，使其组织细胞变性坏死脱落，从而达到美容目的的治疗方法，称冷冻美容。冷冻美容时一般采用液氮为冷冻剂，所以，冷冻美容实际就是液氮冷冻美容。

液氮是一种无色、无臭、无味的液体，不易燃，也不易爆炸。它在一个大气压下的沸点是-196℃，所以，平时液氮都是储存在一个特殊的容器中，以防蒸发。当液氮接触到皮肤时，由于低温导致组织发生一系列变化（细胞内外冰晶形成，细胞脱水、破裂；细胞膜的类脂蛋白复合物变性；血流淤滞，血栓形成，微循环闭塞等），直至坏死，从而达到治疗的目的。

液氮冷冻治疗不需要注射麻醉药。其操作方法简便、安全。一般多采用 1 次或多次冻融。皮损表面平坦、边缘规则的，可选择相同形状和大小的冷头接触；皮损高低不平且比较厚、面积比较大的，用喷冻。喷冻时要注意保护周围的正常皮肤，可用硬纸板在其中央剪成与皮损形状大小一致的小洞，然后将硬纸板放在皮损上。冷冻时间应视个体的病种、皮损厚度、性别、年龄和部位的不同而有所不同。例如，治疗寻常疣时采用接触法，每次冻60~90秒，2次冻融，一般冷冻1~3次脱落；治疗扁平疣时采用喷冻法，使皮损表面形成薄霜，通常1~2次即可治愈。

液氮冷冻前要对冷冻部位进行消毒。液氮冷冻后，冷冻局部先是发白，数分钟后局部解冻、肿胀、疼痛，1~2天起大疱，疱破后有大量渗液。一般1~2周内干燥结痂，3~4周痂皮脱落。只要掌握得好，脱痂后不会遗留疤痕，但有的人脱痂后局部色素沉着会较明显，一般随着时间的推移会逐渐变浅，最终消失。这个过程每人长短不一，一般在半年左右，有的可能要更长。此时不要着急，也不要随便涂药；要尽量少晒太阳，也可多吃些富含维生素C的水果、蔬菜，或者口服维生素C，每次200毫克，每日3次。

液氮冷冻治疗后，创面要保持清洁干燥，1周内不能沾水，以防继发感染。对冷冻后引起的疼痛不必惊慌失措，一般1~2天后会自行消失。对个别疼痛厉害的，可对症处理（如口服止痛片等）。如果大疱内渗液过多，可请医生用注射器抽出，一般小水疱不用抽，几天后可自行吸收，并逐渐干燥结痂。结痂后不要将痂皮擦破或用手强行撕脱，要让其自然脱落，否则，有可能留疤。

液氮冷冻不仅用途广，而且投资小，只要有一个液氮储存罐和液氮喷雾器即可，所以，开展较为广泛。

（2）操作方法。冷冻去痣的操作方法有接触法、喷射法和涂擦法3种。

①接触法：根据痣的大小不同，选用大小适合的治疗接触头，并将接触头压在痣的表面。接触时间越长，温度越低，压力越大，冷冻组织越深。这种方法常用于血管痣、色素痣、寻常疣的去除。

②喷射法：用冷冻接触头使液氮呈雾状均匀地喷射到痣上，致皮肤变白覆霜，若痣较厚，可根据需要，复温后再次喷射，喷射时，应将痣周围的皮肤用纱布保护，以免伤及正常皮肤。

③涂擦法：用棉签浸蘸液氮后，迅速置于治疗处，施加一定的压力。

2. 化学药剂去痣

（1）原理。化学药剂去痣是通过对皮肤组织的凝固、溶解、腐蚀和杀菌来治疗各类型的色素痣。常用的药剂有：酚、三氯醋酸、水杨酸、氢氧化钠。

（2）操作方法。化学药剂去痣的操作方法有点药法、涂布法和封包法 3 种。

①点药法：首先进行常规消毒，再用探针或玻璃棒把药剂点在痣的表面，待有痣部位与正常皮肤之间有一明显的分界线时，痣的周围会出现红肿、隆起的现象，此时，应立即把药剂除去。

②涂布法：首先进行常规消毒，将药剂涂布敷在消毒后的痣的表面，待痣变黑，表面潮红或者轻度渗出，就可以用生理盐水或者冷开水除去药剂了。

③封包法：首先进行常规消毒，并在胶纸上剪出与痣大小一致的孔眼，再将胶纸贴在皮肤上，保护周围正常的皮肤，将药剂涂在痣上。用布盖好封包，持续 4～8 小时。待痣软化以后，用小刀辅助修削。再次涂药剂，可以加速治疗，缩短治疗的时间。

（3）操作注意事项。

①治疗时，要注意常规的消毒和皮肤清洁，防止继发性感染。

②药膏不宜放置过久。

③涂药时间要掌握适当，以达到治疗的目的。

④涂药要均匀，范围要稍大于有痣部位。

⑤有痣部位如果在主干神经与大血管处，治疗时，要慎重，

以免伤害主干神经和大血管。

⑥有痣部位如果在眼睛周围处，治疗时，应要小心慎重，以免伤害眼睛。

⑦不要强行剥离痂皮，让其自然脱落。

⑧）有特发性瘢痕、疙瘩史的患者禁用。

⑨经过1次治疗未愈，应该反复治疗。

⑩脱痂后，暂时忌用碱性肥皂、化妆品，避免日晒1~3个月，以避免刺激皮肤产生继发性色素沉着。

采用任何去痣的方法，都必须由有经验的医生或者美容师来操作。只有经过系统、严格的训练，真正地掌握技能后，才可以安全、有效地完成操作。

## 第三节　烫睫毛

烫睫毛的方式主要有电烫和药物烫2种。

### 一、电烫睫毛

电烫睫毛主要利用红外线照射，使眼睫毛在一定的时期内保持翘立弯曲的效果，美容院不常用。

### 二、药物烫睫毛

在美容院美化睫毛的最常见方式就是药物烫睫毛。

1. 原理

药物烫睫毛的原理与烫发差不多，都是利用特制的卷芯和化学药水使睫毛的蛋白变性，达到变形、固定、上翘的目的。美容院惯常采用冷烫睫毛的方法来为顾客美化睫毛，使稀疏、平直的睫毛自然向上弯曲，看上去有变长了的感觉。一般能够保持2~3个月。

适合人群：天生睫毛平直、不卷翘的爱美女性。

适合季节：四季皆宜。

2. 主要用品

（1）电眼睫毛药膏（水）。其中，有4种药品：护眼液、冷烫膏、定型液、洗眼水。在使用前，要注意看说明书。

（2）卷芯。卷芯有粗、中、细3种型号，可根据眼睫毛的性质决定。

（3）拔棒、小镊子。

（4）特制的胶水。

（5）纸巾、毛巾。

（6）睫毛梳、睫毛膏。

3. 操作过程

（1）彻底清洁眼部。

（2）根据顾客眼睫毛的长短和性质判断卷芯的型号，并将其剪成适合于睫毛而且可以紧贴于睫毛根部的长度。

（3）用特制的胶水将眼睫毛理顺并卷贴在卷芯上。

（4）将冷烫膏均匀地涂在睫毛的根部。

（5）用浸上护眼水的湿棉片盖住眼部。为减小药效的挥发，也可以在棉片上盖上纸巾，再加盖一条适合的小毛巾，等待15~20分钟。

（6）用棉签蘸洗眼水，轻轻地将卷芯卸下。

（7）均匀地涂抹定型水并覆盖棉片，等待15~20分钟。

（8）清洗并梳理眼睫毛。

（9）涂睫毛膏。

4. 使用效果

烫过的眼睫毛自然向上翻卷，使眼部轮廓感增强，也使眼睛看起来更具神韵。

5. 注意事项

（1）如果眼部红肿，皮肤破损或患有眼病，不可烫睫毛。

（2）选择卷芯要根据自己的睫毛条件，卷芯太粗可能卷翘不起来，型号过小则会卷曲过度而不美观。

（3）上卷时，要把睫毛1根1根理顺卷在卷芯上，否则，烫出的睫毛会出现杂乱现象。

（4）电烫睫毛的药水，不能流入眼内。

（5）涂上药水后，“烫”的时间要严格把握。

（6）去卷芯时，手要轻，不要将睫毛扯掉。

## 第四节　穿耳孔

### 一、确定耳孔位置

1. 每耳穿一孔

想象在耳垂上画一个圆，在圆内划个“井”字，将圆分为9份。其耳孔宜打在内、上的交点旁的A点，如图3-1（a）所示。

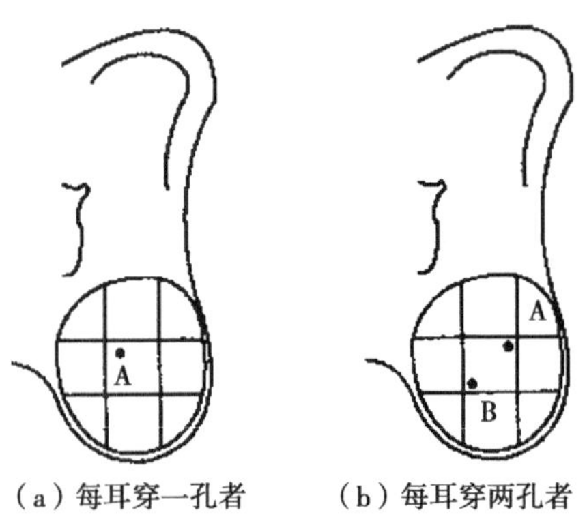

（a）每耳穿一孔者　　（b）每耳穿两孔者

图3-1　确定耳孔位置

2. 每耳穿两孔

耳孔 A 打在靠近外、上交点的内、下侧，耳孔 B 打在靠近内、下交点的外、上侧，如图 3-1（b）所示。

## 二、穿耳孔的操作方法

一般的穿耳孔方法有针刺法、耳钉枪穿耳孔法、激光穿耳孔法等，这里主要介绍目前应用最为广泛的耳钉枪穿耳孔法。

1. 准备工作

（1）准备耳钉枪、耳钉、记号笔、泡镊桶及镊子、碘伏或75%酒精、消炎药膏等用品。校对、调整耳钉枪准确度。

（2）美容师消毒双手及耳钉枪、耳钉等相关工具，将耳钉浸泡在 75%的酒精中待用。

（3）用 75%酒精或碘伏消毒两侧耳垂及周围皮肤。

（4）用记号笔在耳孔上定位，注意耳孔的左右对称。

（5）将枪栓拉开，用镊子将消毒后的特制防敏耳钉装入枪孔，耳钉上可再涂一些消炎药膏，起到润滑、消炎的效果。

2. 操作程序

（1）美容师手持耳钉枪，对准耳垂面耳孔定位点，使耳钉与耳孔定位点保持垂直。

（2）左手固定耳垂但不可用力牵拉，右手将枪持稳，食指扣动扳机，将耳钉射入耳垂。

（3）将耳钉枪轻轻拿开，并在耳孔前后涂抹消炎药膏。

3. 注意事项

（1）操作过程自始至终应严格消毒。

（2）耳孔定位时，应注意定位点保持左右对称，并请顾客确认。

（3）穿耳孔时不可用手牵拉，扣动耳钉枪的扳机时，务必使枪与耳垂面垂直，以免造成耳孔错位或偏斜。

（4）用耳钉枪射耳钉时，持枪要稳，扣动扳机时只有食指动作，手腕不可晃动。

### 三、穿耳孔后的日常护理

穿耳孔后，美容师应告之顾客正确的日常护理方法。

（1）穿耳孔后一周内，保持耳孔周围清洁、干燥，不可着水。可用棉棒蘸酒精擦拭耳垂，清理耳孔前后的分泌物，并在耳孔前后涂抹红霉素眼膏，防止感染发炎。

（2）每日将耳钉旋转 1~2 次，并在耳孔前后两端分别涂上红霉素眼膏，防止耳部的分泌物与耳钉凝结，影响恢复。

（3）为防止耳孔进水，在洗脸或洗澡前可先将耳孔前后两端厚涂油质红霉素眼膏。由于油不溶于水，故能起到一定的保护作用。但洗后应立即将耳钉取下，彻底清洗、消毒，并用棉球把耳孔周围残留的眼膏清理干净，将耳钉涂上眼膏后重新穿入耳孔。

（4）穿耳孔两周后方可更换金、银等防过敏耳饰，2 个月后可更换一般耳饰，半年内不可将耳饰长时间取下，否则，耳孔会重新长上。

## 第五节　脱毛术

常用的脱毛方法有永久性脱毛和暂时性脱毛两类。永久性脱毛是利用仪器破坏毛囊，使毛发脱去，并且不再长出新毛。暂时性脱毛是利用脱毛蜡、脱毛膏等将毛发暂时脱去，但不久后还会长出新毛。

## 一、永久性脱毛法

1. 永久性脱毛的原理

永久性脱毛的原理是，利用脱毛机产生超高频振荡信号，形成静电场，作用于毛发，将其拔除，并破坏其毛囊和毛乳头，使毛发不能再生。

2. 永久性脱毛的方法

永久性脱毛常用美容脱毛机，其使用方法如下。

将仪器定时 5 秒钟，用输电钳夹住要脱的毛发，通电 5 秒后，仪器自动发出报警声，即可拔除毛发。

这种脱毛方法无痛苦，不损伤周围皮肤，常用于脱去腋毛、倒长的睫毛及杂乱生长的眉毛等。

## 二、暂时性脱毛

1. 化学脱毛剂脱毛

化学脱毛剂包括脱毛液、脱毛膏及脱毛霜等。其中含有能够溶解毛发的化学成分，可溶化毛干，达到脱毛的目的。此种方法多用于脱细小的绒毛，经常使用可使新生毛发变稀、变轻。

（1）操作步骤。

①清洁需脱毛部位。

②将脱毛膏（霜）顺毛发生长方向涂于需脱毛部位的皮肤上。

③ 10 分钟后，用扁平刮板逆毛发生长方向将药膏及毛发刮下。

④用温水清洗脱毛部位皮肤。

⑤涂抹护肤霜。

（2）注意事项。

①化学脱毛剂对皮肤刺激性较大，过敏性皮肤不宜使用。

②不同的化学脱毛剂的药力强度不同，所以，涂在皮肤上等待的时间也不同，使用前应仔细阅读说明。

③化学脱毛剂对皮肤刺激性较大，长时间附着于皮肤上，会伤害皮肤，故在使用时，其附着于皮肤的时间不可过长，应及时彻底清洗干净。

④一般情况下，化学性脱毛剂只适用于脱细小的绒毛。

⑤上唇部皮肤较敏感，一般应避免使用化学脱毛剂。

2. 石蜡脱毛

（1）冷蜡脱毛法。这种方法是美容院常用的脱毛方法，能达到暂时性脱毛效果，快速简便、痛感小，但成本较高。其难点在于对技术方面要求较高，关键是打蜡要正确，掌握要领，冷蜡应打厚，以便于在不同情况下均能揭掉蜡块。冷蜡的主要成分为多种树脂，黏着性强，可溶于水，呈胶状，使用时不用加热，可直接涂于脱毛处皮肤，并与皮肤紧密黏着，无不适感，适用于敏感部位皮肤的脱毛。其操作方法如下。

①将需脱毛部位薄涂一层爽身粉，吸去油脂，起到隔离蜡与皮肤的作用。

②用扁平的刮板，将冷蜡顺毛发生长方向薄而均匀地涂于皮肤上。

③将纤维纸平铺于蜡面上，并轻轻按压，使之与皮肤贴紧。

④一手按住皮肤，另一手执纤维纸边，逆毛发生长方向快速揭下，毛发即可粘附在冷蜡上而被清除。

⑤脱毛后要清洁皮肤，涂上润肤霜。

（2）热蜡脱毛法。热蜡为蜂蜡与树脂混合而成，一般呈固体状态，使用前需加热熔化，待温度降到适宜时，方可涂在皮肤上。它成本较低，用过的蜡经过消毒、加热、滤去毛发后可重复使用（但脱过阴毛的蜡必须丢弃），但操作较麻烦，且应熟练、准确地掌握蜡的温度，以免因过热灼伤顾客，或因过凉影响脱毛效果。其操作方法如下。

①用熔蜡器将蜡块加热熔化。

②将欲脱毛处皮肤清洁干净。

③在欲脱毛处均匀地涂一层爽身粉。

④待蜡降至适宜温度时，用刮板将蜡顺毛发生长的方向薄而均匀地涂于脱毛部位皮肤上。

⑤）将纤维纸平铺于蜡面上，轻按压实。

⑥一手按住皮肤，另一手持纤维纸边，逆毛发生长的方向快速揭下。

⑦将脱毛部位清洗干净后涂护肤霜。

## 三、四肢部位脱毛

四肢部位脱毛在美容院脱毛服务中最为普遍。脱毛前美容师应仔细观察脱毛部位毛发的生长情况，并根据顾客的需要和毛发生长的快慢来提供服务。

1. 准备工作

（1）帮助顾客躺好，露出需脱毛的部位。

（2）用熔蜡器将蜡块熔化，备用。

（3）清洁欲脱毛部位的皮肤。

（4）用粉扑将爽身粉薄而均匀地涂于四肢需脱毛部位的皮肤上。

2. 操作步骤

（1）用扁平刮板刮取少量脱毛蜡，与皮肤呈45°角，顺着毛发生长方向薄而均匀地涂开。

（2）将纤维纸平铺在蜡面上，轻按压实。

（3）一手按住皮肤，另一手将纤维纸逆毛发生长的方向快速揭下。

（4）将脱毛部位清洗干净后涂护肤霜。

3. 注意事项

（1）涂脱毛蜡一定要顺着毛发生长方向，揭纸时，要逆毛发生长方向。

（2）揭纸动作要快；否则，顾客会感觉疼痛。

（3）脱毛要彻底，脱毛部位不能有残余毛发。

（4）使用热蜡时，温度不要过高，避免烫伤皮肤。

（5）涂热蜡时动作要快，以免因蜡冷却凝固而影响脱毛效果。

## 四、脱腋毛

许多女性顾客喜欢用刮或拔的方式处理腋下不雅观的毛发，这样容易引起发炎，也容易导致毛发向内生长，而冷蜡脱毛不仅更为安全、可靠，保持的时间也会更长。

1. 准备工作

（1）加热熔化蜡块。

（2）将腋毛剪短。留约 1 厘米长即可，以方便涂蜡，并增加蜡的附着力。

（3）清洁欲脱毛部位皮肤，涂爽身粉。

2. 操作步骤

脱腋毛操作步骤：用扁平的刮板将冻蜡顺毛发生长方向薄而均匀地涂于皮肤上；将棉布平铺于蜡面上，并轻轻按压，使之与皮肤粘紧；一手按住皮肤，另一手执棉布边，逆毛发生长的方向快速揭下，毛发会随布一起脱下；将局部清洗干净，涂具有安抚作用的护肤霜。

3. 注意事项

（1）腋下毛发向各个方向生长，在打蜡前须仔细观察毛发的生长方向。

（2）修剪腋毛要长短合适，太长或太短均会影响脱毛效果。

（3）腋部皮肤较敏感，每一次脱毛面积要小，逐步进行，直到完全脱净为止。

## 五、脱唇毛

唇部皮肤非常敏感，脱毛时易变红甚至轻微发肿，需格外小心。

1. 准备工作

（1）加热熔化蜡块。

（2）清洁欲脱毛部位皮肤，涂爽身粉。

2. 操作步骤

同四肢部位脱毛方法。

3. 注意事项

（1）上唇左右两侧毛发生长的方向不同，在脱毛过程中应注意观察，分别进行。

（2）唇部皮肤较敏感，用蜡脱毛时，要一小片、一小片地脱。

（3）唇毛细而柔软，采用化学脱毛剂具有不易引起疼痛的特点，且效果更佳，但脱毛后应及时用清水清洗干净，以免刺激皮肤。

## 六、脱眉毛

如果顾客的眉毛很浓而且不规则，长出一般眉线之外，可先用蜡来除去部分眉毛，然后再用镊子进行修理。这种方法简便、快速，尤其适合眉毛浓密而且杂乱的人士，具体操作步骤如下。

1. 准备工作

先用眉笔勾画出理想的眉形，在欲去除的散眉处扑少量爽身粉。

2. 操作步骤

（1）检查顾客历史记录，确保不会有过敏反应，征询顾客意见。

（2）将脱毛蜡顺眉毛生长方向薄而均匀地涂开。

（3）将纤维纸平铺在蜡面上，轻按压实。

（4）逆眉毛生长的方向将纤维纸快速揭下。

（5）用眉钳拔去残余散眉，修整眉形。

3. 注意事项

（1）眉形与人的外貌密切相关，脱散乱眉毛时，应特别注意对眉形的影响，涂蜡面积切不可太大。

（2）如果眉毛生长不是很乱，最好不用脱毛蜡，而用眉钳修整即可。

# 第四章　文刺美容

## 第一节　认识文刺用具

### 一、文刺用品

文刺必备的用品主要包括文针、酒精、药杯、1%的新洁尔灭消毒液、消毒棉签、棉球、弯盘、镊子、画笔、尺子、拔眉钳、专业文刺麻药和文刺色料等。其中，色料一定要选用经消毒处理过的无毒、无菌色料。并且要必备一些黑色、深浅棕色、红色、肉色、灰色、绿色等常用颜色。

### 二、文刺设备

1. 纹眉机

（1）纹眉机的选择。纹眉机是美容师纹眉的主要工具，品质的优劣很关键，不能因为花哨的包装和技术误导的广告词而迷惑。因此，选择时，应考虑以下几个方面。

①纹眉机运转产生的噪声：纹眉机如果产生很大的噪声，将使美容师及顾客产生不安心理，特别是顾客，会产生恐惧，造成精神紧张，皮肤紧缩现象，使色料不容易上色及产生刺痛感觉，所以，噪声大小是选择纹眉机的关键。一般情况下以运转的纹眉机距离顾客1米左右，而顾客不感觉噪声为原则，否则，属于噪声过大。

②纹眉机的转速：纹眉机的转速关系顾客疼痛的感觉，转速越快，疼痛感越小。现在市场上普遍流行使用可调速3~5挡的纹眉机，而最新研制的新一代纹眉机可无限调速，顾客几乎感觉不到疼痛。测试时，将纹眉机上针启动，在硬纸上来回划针，密集的响声为转速快，否则，比较慢。

③针压稳定及安全针压：判断纹眉机的针压是否稳定，一般采用目测法，运转的纹眉机针尖必须成一直线，出针长度必须保持稳定，不能有忽长忽短的感觉。如果针尖运转成扇形，说明针压不稳定。安全针压是指能控制针尖刺入皮肤到一定的深度，防止因操作者使用不当而将针尖过深刺入皮肤。

④机身设计：纹眉机是一种手握操作的设备。为了便于美容师灵活使用，机身设计很重要。设计必须精细、灵巧，转动应没有阻力，重心应稳定在中央位置。市场上流行的设计多数采用直式笔型设计，可365°调整，就算长时间使用也轻松自如，没有疲劳感。

⑤使用寿命：纹眉机的使用寿命关系到美容院的经济效益。纹眉机的噪声大小、转速是否稳定、是否有防止色料回流的装置等，都会影响纹眉机的寿命长短。

（2）纹眉机的使用注意事项。使用纹眉机的注意事项基本上与文身机的使用注意事项相同，可以在购买后详细阅读使用说明书，在这里就不详细叙述了。

2. 文身机

（1）文身机的选择。世界各地款式不一的文身机工作原理基本相似，但工作性能却存在天壤之别：针频有快有慢；针波有大有小；工作时间有长有短；耗材易损程度有好有坏。一台性能好的机器，它每秒钟刺入皮肤的次数高（针频高）；在每秒钟内每次刺入皮肤的深浅保持在同一深度的次数高（针波低）；连续工作时间长；机器设计符合人们的操作习惯（科学性与合理

性）。所以，在文身机选购的时候就应该注意以下几点。

①文身机的品牌：可以找一家老牌、专业、守信的网站或公司进行购买。购买时，首先要看提供文身机的公司是否有多种机型供用户选择，并有相关的备件，这样才能保证机器的零部件受损后，能够立刻更换相关部件；其次看供文身设备的公司所供设备是不是齐全，能不能提供大量的文身针、图案集和相关技术资料。

②所购部件是不是原装：现在市面上卖的许多文身设备都是用不同的机器部件组装的，这种机器表面粗、不光滑。使用一段时间以后，许多电镀部分会成块脱落，机器极易受损，也根本无能力承诺包修。而专业、有实力的公司，都是原装机器并备有各种零配件。

③经销商有没有客户群，专业的文身产品是否齐全：客户群是经销商长久存在的基础，客户群的大小是产品好坏的标志；各类文身产品是否一应俱全，经销商经营的时间长不长，都是选购文身机时应该考察的项目。

（2）文身机的使用注意事项。操作时，注意针头不要碰到皮肤以外的任何物体；上药水时，针头一定要停止颤动，防止碰到药水盒；如针尖弯曲就无法工作，可用细砂纸按顺针走方向轻轻拉顺，然后，用有厚茧皮肤试针，以不钩皮肤为好；如触点接触不良，轻则可用纸巾擦拭，重则可用砂纸打磨调整螺杆，长时间使用触点折片会向下无力，这时可用手向上折起。

机器每次用完以后，要擦拭触点，防止污物积存，针头、针管要消毒，机身要擦净，以防机身上下两块磁点生锈。

除了文身机和纹眉机外，文刺设备还包括推车、手术车和照明设备等。

# 第二节 纹眉与绣眉

## 一、纹眉

纹眉是一门精湛的美容技术，也是一项艺术造型术。适用于眉毛稀疏、秃眉、半截眉、眉毛左右不对称者，也可改变原来的眉形。

1. 常见的眉形

(1) 由眉头位置决定的眉形。眉头位于内眦角正上方，在鼻翼边缘与内眦角连线的延长线上。

①标准眉：眉头与内眦角在同一垂直线上，两眉头间距为一只眼宽。

②向心眉：两眉头的距离过近，两眉头间距小于一只眼宽，超过内眼角位置较多，显得表情紧张、压抑，过于严肃、紧凑，给人以严肃、英武的印象。

③连心眉：两眉头连成一体，虽有刚毅之气，但是往往给人以“凶相”的感觉。

④离心眉：眉头靠外，两眉头的距离过宽，两眉头间距大于一只眼宽，面部显得安详、温和，但过于开时显得五官布局松散、不协调，给人以痴呆的感觉。

(2) 由眉峰位置决定的眉形。眉峰在眉全长的外 1/3处，也可以同侧鼻翼经平视时角膜外缘的延长线为标准。

①标准眉：眉峰的位置在眉长外 1/3处，给人以舒展、大方、优美的感觉。

②拉长眉：眉峰的位置在眉长的中间 1/2处，有增长脸部的感觉。

③拉宽眉：眉峰的位置在眉长外 1/4处，显得脸宽。

（3）由眉梢位置决定的眉形。眉梢稍倾斜向下，其末端与眉头应在同一水平线上，眉梢的尽头，应在同侧鼻翼与外眦连线的延长线上。

①水平眉：有截断面部的效果，使脸形变短，给人以稳健、文静之感。

②上升眉：使脸显得竖长，给人以活泼生动之感。

③下降眉：眉稍低于眉头，两侧观看形似“八”字，容易给人留下滑稽、悲伤的印象。

（4）其他眉形。

①散乱眉：眉毛分布散而无序，显得迟钝、不精神，没有俊朗秀气的感觉。

②粗短眉：给人以刚毅、强悍的印象。

③残缺断眉：因为眉毛缺失而有碍美观。

④以某物相似形为命名的眉：如柳叶眉、剑形眉、新月眉等。

2. 不同脸形设计的不同眉形

（1）圆形脸。眉形应略微上斜，长短要适中，目的是把脸形拉长。

（2）长形脸。设计“一”字形眉为宜，意在缩短脸形。

（3）正三角形脸。设计重点放在扩大颞部，所以，一定要注意眉峰的位置，要在外眦角正上方眉骨的转弯处，画成上挑圆弧形眉，可有收紧脸下部的作用。

（4）瓜子形脸。由于此种脸形颞部比较丰富，圆弧形眉可使眼睛显得更加明亮。

（5）正方形脸。脸形向横向扩大，人们自然想到设计圆弧形眉，但方形的眉形更为适合，最好是设计成有角度的眉形。

（6）菱形脸。此种脸形颞部塌陷，颧骨凸出，设计时应稍具水平感，轮廓极为明显者，眉峰在眉骨的转弯处常以小刀眉为宜。

(7) 椭圆形脸。设计成曲线眉，眉线要细、淡，眉形应圆滑、自然，眉毛与眼睛平行。

3. 效果

(1) 从远处看，眉形自然、漂亮、浓淡适宜、清秀，神采奕奕，富于立体感并充满活力。

(2) 距5米左右看，眉似“画的眉”，给人以柔和、两侧对称、浓淡相宜、自然又美丽的观感。

(3) 用手触摸时不玷污皮肤、不褪色，才知道“原来不是画的眉，而是文的眉”，令人感到柔和、自然、不虚假。

4. 原则

(1) 修、文并用。为保持眉的立体感、动态感和生理功能，不能在纹眉前将眉毛统统剃掉，而应该在原有眉形的基础上修剪、美化后再进行纹眉。

(2) 宁浅毋深。由于刺入皮肤的深度超过真皮层，就会使色料与皮内蛋清酶发生化学变化而变色，因此，刺入皮肤的深度要严格控制。

(3) 宁淡毋浓。色料的颜色也不能过浓，否则，将影响眉与肤色、发色的协调。

(4) 宁窄毋宽、宁短毋长。若文得过宽和过长，不但褪色修正困难，而且，还会使受术者再受洗眉的痛苦。

(5) 宁繁毋简。对于那些平时不化妆或对纹眉没有充分心理准备的人，切忌一来就文。应当先画眉、修眉，让其适应2~3天，多征求周围人的意见后，再进行纹眉。

(6) 宁慢毋快。操作要认真，不能只图速度而不顾质量。由于不同人的皮肤弹性、质地、颜色不同，对色料的吸收程度也不同，对部分上色困难者，需反复文刺，切不可急躁。

(7) 浓淡相宜。在纹眉过程中，应注意整体，时刻注意眉

毛的自然生长形态，要按其长势和色泽规律，文出浓淡相宜、富于立体感的眉。

5. 操作方法

（1）准备工作。

①器械准备：眉笔一支，1：1 000的新洁尔灭棉球若干，眉镊一把，纹眉机一台，药液一支，纹眉液一瓶，抗生素眼膏一支。

②清洁皮肤：清洗面部皮肤，观察脸的局部及眼部有无慢性炎症。

③制订方案：根据发色、肤色、个人爱好以及与受术者协商，设计眉形图样及所用的颜色，这是纹眉成败的关键。根据亚洲人种的特点，通常根据脸形特点设计眉形。一般是长形脸选直线眉；方形脸选角度眉；圆形脸选拱形眉；椭圆形脸选曲线眉。

④画眉形线：依据脸形共同协商后，用龙胆紫画出眉形轮廓线，并用碘酒涂擦固定，然后用眉夹夹去多余的眉毛，再用圆规、直尺测量双侧眉毛是否对称。

⑤局部消毒：在画好的眉形上，用1：1 000的新洁尔灭棉球或75%的酒精棉球擦拭皮肤，进行消毒，注意不要擦掉已画好的眉形线。

⑥麻醉：纹眉时一般不用麻醉，受术者只感到轻微刺痛，疼痛程度完全可以忍受。如个别人对疼痛特别敏感，不能忍受时，可在文刺过程中采用表面麻醉或神经阻滞麻醉，疼痛可明显减轻。但勿将麻药做皮内注射，以免局部皮肤肿胀，影响染料的准确分布。

（2）操作过程。

①手术者手持纹眉机或纹眉针，腕部紧贴眼睑并使之保持45°角，蘸少许纹眉液沿画好的眉形，从眉头向眉尾部一针挨一针均匀地将色素颗粒多次重复刺入皮肤，使针尖上含有的微粒氧

化钛及食品色素的纹眉液带人皮肤的真皮层。

②文刺时，眉头及眉毛上、下缘用点刺法；眉的中间部位和眉梢用点刺法或点划法。眉头、眉梢部位着色应稍浅些；眉形的中间部分着色可稍深些。眉的上、下缘及眉头部不应特别整齐，眉头部不能超过本身眉毛的部位，否则易给人以不自然的感觉。用力要均匀一致、深浅适当，否则，刺入过浅不易着色，刺入过深会引起点状出血，亦影响着色，还易发生湮色。

③纹眉过程中，需多次用棉球蘸少许生理盐水擦去浮色及渗透液，以利手术者和受术者观察着色和眉形文刺情况。如有不满意处，可及时纠正。每侧纹眉时间一般为 15~20 分钟。刚文好的眉毛看上去颜色会显得稍深，一般在 1 周左右，脱下 1 层薄痂后，眉色才真正定型，才会显得逼真自然。如果脱痂后，眉色觉得淡，可做第二次补色，以使眉形更加完美。

④文刺完毕，可在局部涂 1 层抗生素药膏，以防感染及厚痂形成。

（3）术后处理

①嘱咐受术者注意局部清洁卫生，不要用手涂擦眉部。

②纹眉术后局部皮肤会有结痂，不要用手剥除，要让其自然脱落。

③若纹眉术后效果欠佳，可行纹眉补救术。

6. 适应证

（1）病变引起的眉形态缺陷（略）。

（2）生理性眉形态缺陷。

①由于疾病或其他原因引起的眉毛脱落症。

②眉毛稀疏、色浅、残缺不全。

③外伤性眉毛缺损，眉中瘢疤。

④两侧眉形不对称。

7. 禁忌证

（1）皮肤病（急性、炎性疾病）患者。

（2）血液传播疾病（肝炎、艾滋病等）患者。

（3）精神病患者（不配合）。

对于眉部有炎症、皮疹、外伤的患者，患有传染病、过敏的人以及瘢痕体质，精神状态异常，有严重糖尿病、心脑等疾病的人，都不宜纹眉。

8. 操作注意事项

（1）设计眉形时，一定要征求受术者的意见，同意后方可最后确定。因纹眉术后眉形终生不变。要结合本人年龄、脸形设计相适应的眉毛模式，切忌千篇一律。

（2）根据本人皮肤和头发颜色选择不同的染料，对年龄较大的妇女，应比年青女子选用的染料稍淡些。

（3）严格无菌操作，必须一人一针，防止交叉感染。

（4）纹眉前一般不用麻药，以免药物渗入皮下造成肿胀而影响眉形的确定。

（5）纹眉机勿与眉垂直，针刺深度应在表皮内 1~2 毫米。

（6）纹眉手法应从轻到重，再从重到轻。文出的效果应是眉头、眉尾色淡，眉身色较深，有一定立体感。

（7）文刺时先选用棕色颜料文出外侧轮廓以定型，再用较深的染料文刺内部。纹眉药水尽量不要加水调配。

（8）纹眉完毕应将受术者面部清洗干净，使之面目一新。

（9）待 7~10 天自然脱痂后，重新修补 1 次。

## 二、绣眉

绣眉是传统纹眉的升级版。绣眉就是以刺青的方法绣出眉毛的形状，然后把色素注入皮下组织 2~3 毫米，使色素附于皮肤，长期不褪色，达到美容的目的。

1. 优势

（1）效果比较自然，柔和不易变色。

（2）绣眉过程中不疼痛，皮肤也不会红肿。

（3）绣眉的效果可以保持 3~5 年，以后重新绣眉，颜色可以依据年龄而重新选择。

（4）绣眉的色彩有很多种，可以根据个人的性格、职业、发型等选择。例如，咖啡色适合喜欢浓妆或者皮肤颜色比较黑的人；棕色适合本色自然的人；浅咖啡色适合于喜欢自然妆的人；橙咖啡色适合改过的青蓝眉；铜咖啡色适合新潮、染发的人，也适合于改过的青蓝眉。

2. 操作方法

绣眉时要按照眉毛的生长方向来绣，这样绣出来的眉毛与真正生长的眉毛结合在一起，方可难辨真假。

上眉框除眉峰处外，都用全导针来绣；眉峰处是一个较细微的弧度，所以要用点针来绣；眉头部位的眉毛是向上生长的，为制造出由重到轻、有眉根到眉梢的效果，要用后导针来处理；在眉的前 1/3处，眉毛开始向下生长，从这里开始，要用旋转针做出一丝丝由上至下的弧形浮凸线条。

一般，绣一条眉毛要分两大步骤。

（1）绣出上眉框及眉头、眉中、眉尾处的轮廓线条，以确定眉毛的宽度。

（2）擦去浮在皮肤上面的颜色后，再填补空白处的幼细线条。

3. 操作注意事项

（1）要结合本人的年龄、脸形、职业、发型等因素选择适合的眉形。

（2）根据本人皮肤和头发颜色选择适合的染料。

（3）对于眉部有炎症、皮疹、外伤等患者都不宜绣眉。

(4) 对眉毛根部、尾部的绣刺密度可略疏些。

## 第三节　文眼线

文眼线与纹眉一样，也是借助纹眉针将纹眉液刺入所需的部位，但所不同的是，纹眉是直接刺人皮肤内，而文眼线则是在皮肤与黏膜的交界处——睑缘部刺入黑色眼线液，以增加眼睛的神韵，使之美目流盼、秋水盈盈。

### 一、眼线的生理构造

1. 眼线的位置

眼线位于眼睫毛根部往上加宽。

2. 眼线的宽度

上眼线宽为 0. 8~1 毫米；下眼线宽为 0. 4~0. 6 毫米。

3. 眼线的长度

眼线的长度视眼睛的大小而定。

4. 眼线的弧度

眼线的弧度与眼睫毛弧度平行。

5. 眼线的颜色

眼线的颜色应以地黄黑为主。

### 二、眼线美的标准

眼线的形态应符合正常睫毛的走行规律。一般来说，眼线的弧度要自然、圆滑、流畅、上粗下细、内窄外宽、深浅适中，方能表现眼睛的深度，烘托出美丽的眼睛。

### 三、文眼线的原则

文眼线时，应遵循以下原则。

（1）上眼线应文在睫毛根处，内端细，并向外侧逐渐加宽，尾部应有一定角度，稍拉长微翘，以增加眼裂的长度。

（2）下眼线应文在睫毛根的内侧，外侧较内侧略宽些，线条一定要细而直。

（3）上、下眼线宽窄的比例以 7∶3 为宜。上、下眼线在外眦角部不能连接起来，否则，会形成一个黑圈，影响美容效果。

## 四、文眼线操作方法

文眼线比纹眉的疼痛感要严重些，所以，一般可根据情况用 1%~2%的利多卡因 0.5 毫升，沿睑缘皮下做局部浸润麻醉。然后用纹眉机针蘸少许文眼线液进行文刺，文眼线液的颜色均用黑色。刺入法为点刺法，其他步骤同纹眉术。

文上眼线一般在上眼睫毛根部先文一条细线，如需加宽则往睫毛外面进行；文下眼线时则在下眼睫毛根部先文一条细线，如需加宽则往睫毛内面露白的部位加宽。

上睫毛浓而长，上眼线应文深些、粗些，下眼线应文细些、淡些，这样强调上眼线可以使眼睛显得有成熟感。上眼线应自内眦部向外眦部逐渐加宽，至尾部微微上翘，尤其对于年龄大、眼睑皮肤有松弛下垂的人，更应注意眼线尾部的处理。下眼线自泪点下缘至外眦部可基本一致，表现为细、直、淡的形态，也可在下睑缘中外 1/3处略略文深些、宽些。

小眼睛最好只文上眼线，若上、下眼线全文会使眼睛显得更小；圆眼睛应文得细长，以增加曲线的长度；细长的眼睛，则应文得短粗，以增添曲线的弧度。

文眼线时应叮嘱顾客闭上眼睛，可减少疼痛感和恐惧感，并提醒其在文眼线时千万不要用手接近眼睛或突然抬头移动位置，以免误伤眼睛。文眼线时以见到微细血珠为宜，用棉球擦拭不掉色即可。术后点抗生素眼液或涂抗生素眼膏，1 周后脱痂，再根据情况补文 1 次。

## 五、适应证

（1）睫毛稀疏、脱落者。
（2）倒睫术及眼袋术后，上、下睑缘有小瘢痕者。
（3）双眼皮手术后，间距过宽，长期不能恢复者。
（4）要求美化眼睛的求美者（年龄应在 18 岁以上）。

## 六、禁忌证

（1）上、下睑缘处有炎症，如睑腺炎、结膜炎等。
（2）有血液系统疾病者。
（3）对痛觉过度敏感，无法配合文眼线操作者。
（4）睑外翻或上睑皮松弛下垂者。
（5）眼球外突明显者。
（6）过敏体质或瘢痕体质者。
（7）有皮肤病或传染病者。

## 七、操作注意事项

文眼线纵然有诸多的长处，但是，任何一件事情都有利也有弊。文眼线有一定的危险，要想安全文眼线，应注意以下几点。

（1）要求操作者有熟练的技术，同时，具备认真负责的态度，切不可随意地在嘈杂的环境中进行。

（2）眼睛有炎症时及近视眼手术后近期不要文眼线，以防文色药水向皮肤内扩散。

（3）文眼线前应检查眼睛是否有沙眼。

（4）随时保持眼睛内的清洁，文色药水进入眼睛，应立即用眼药水冲洗。

（5）注意不要伤及鼻泪管开口。

(6) 文下眼线时，注意往下不要超出睫毛根部，以免损伤睫毛的根部，造成睫毛脱落或睫毛生长杂毛。

(7) 文眼线针要上牢、卡口，并注意保护角膜，以免不慎飞针，刺伤眼球。

(8) 严格掌握针刺的深度及位置，不可刺入过深。

(9) 下眼睑内眦角有泪囊口，操作时，应保持2~5毫米的距离，以免眼线液进入泪囊。

(10) 文眼线与纹眉一样，所用的物品必须严格消毒，做到一人一针，以免感染及传播肝炎和其他传染病。

(11) 谨慎地使用地卡因表面麻醉剂，且浓度不可过高，以免引起眼角膜的损伤，造成畏光、流泪及眼部不适等症状。

## 第四节　文唇与漂唇

### 一、文唇

1. 常见的唇形

一般常见的唇形大致有以下几种。

(1) 理想型。此种口唇轮廓清晰，下唇微厚于上唇，大小与鼻形、眼形、脸形相适宜，唇结节明显，口角微翘，整个口唇富有立体感。

(2) 双峰型（丰满型）。此种唇形最常见。其唇峰明显，从侧面观察，唇红向外突出，接近唇红缘的皮肤向内凹陷。

(3) 口角上翘型。此种口唇由上唇、下唇的两端会合而形成的口角上翘，看起来，像在微笑。

(4) 口角下垂型。此种口唇由上唇、下唇的两端会合而形成的口角呈弧线向下垂，给人以忧愁、不愉快的感觉。

(5) 尖突型。此种唇形薄而尖突的口唇，特征是唇峰高、

唇珠小而前突、唇轮廓线不圆润，尖突的口唇，往往伴有狭小鼻子而影响整个脸形。

（6）扁上唇。在正常的情况下，上牙床位于下牙床之前，如果上牙床位于下牙床之后，就会形成上唇后退、下唇突出的形态，这种口唇一般都是上唇薄、下唇厚。

（7）薄型唇。此种唇形占全部唇形的 22.5%，其红唇高度较低、唇峰不明显、唇弓呈圆弧形，从侧面观察，唇弓不向外突出，但下唇红唇有轻度突出。

（8）厚型唇。厚型唇口轮匝肌与疏松结缔组织发达，使上唇、下唇肥厚。如果超过一定的厚度（男性唇厚度上唇超过 9 毫米，下唇超过 13 毫米；女性上唇超过 8 毫米，下唇超过 11 毫米），厚型就有外翻的倾向。厚唇与遗传及人种特征有关，也有的为局部慢性感染。厚唇从审美的角度来看，总是给人一种“愚钝”的感觉。

（9）重唇。重唇又称双唇或双上唇，为先天性发育畸形，也有人认为与内分泌紊乱有关。其原因是在胚胎时期，上唇红唇内侧的黏膜及黏液腺组织增生，而形成双层突起的红唇。重唇主要见于上唇，多在青春期表现最为明显，质地均与正常无异，少数病人可能有家族史。该畸形对容貌影响很大，在闭口时，畸形不显，开口时，可见两唇缘。在两唇缘间有一横沟，笑时呈现两道清楚的红唇。

2. 文唇原则

（1）文的唇线应流畅、整齐、轮廓分明，故手术前应先勾勒出唇廓线。先应标出 5 个标记点，即唇谷（中心点）、唇峰（两侧最高点）和唇坡（两个标志点），以便检查两面三刀侧高低、间距是否相等，上下唇厚度通常为 8~10 毫米。

（2）通过文唇可以改变不满意的唇形，可将小唇变大、大唇变小、厚唇变薄、薄唇变厚。但文唇时，必须根据原有的唇红缘进行扩展或缩小。

（3）文唇应遵循宁淡毋浓、宁窄毋宽的原则。

（4）文唇的形状和颜色的选择要因人的年龄、肤色、职业、气质而异。

3. 操作步骤

（1）用 0. 1%的新洁尔灭消毒液对局部进行消毒。

（2）用唇线笔勾画出理想的唇线。

（3）用表面麻醉剂施行表面麻醉。

（4）先在唇线上刺个小点以定位，然后把这些小点连接起来，形成唇线，反复文刺 2～3 遍；形成清晰的唇线后再文唇红部，唇红部可用扫文手法，使之均匀着色，如同刚刚涂过唇红。

（5）最后在文唇满意后，在红唇部局部涂以抗生素药膏预防感染，文唇后多数人可能要肿胀 3～5 日，这是由于嘴唇组织柔软疏松的缘故。1 周后即能恢复自然，形成唇形美观、轮廓清晰的美唇。

4. 适应证

（1）先天性唇形不理想，唇峰不明显者。

（2）唇红线不清楚，有断裂或缺损者。

（3）唇缘严重缺损不齐，唇薄，长短不成比例者。

（4）因贫血、心脏及循环系统病变而造成的色泽明显暗淡无光者。

（5）为了美容，增加唇的美观和立体感者。

5. 操作注意事项

（1）文唇使用的器械应严格消毒，避免造成感染及其他传染病，术后应注意抗菌消炎，同时，要减少各种刺激。

（2）唇部神经末梢及毛细血管丰富，敏感性强，故手术时，需进行表面麻醉，以免疼痛时，唇部颤抖影响手术操作。

（3）唇部的组织疏松，文唇液很容易引起弥散，造成颜色的不均匀，形成斑片状的改变，一旦出现这种情况，则难以纠正。

（4）文唇有一定的局限性，它限制了唇部色泽的变化，且光泽性差，加上这些文唇液中含有一定的有害原料，长久刺激，易产生不良作用，导致其他病变。

（5）文唇应慎重选择一家医疗设备配套、技术条件完善的医院或美容院进行。以免在重新塑造唇形时，引起不必要的伤害。

## 二、漂唇

漂唇简单地说就是采用文刺的方法，刺破皮肤，用文色液来改变唇部的明暗关系、勾画唇线及为唇着色，以达到纠正和美化唇部的效果。

1. 唇形设计

（1）唇形的设计必须结合个体的脸形、鼻形、眼形、年龄、肤色等因素。

（2）设计唇形时，应注意上下的比例关系，但无论是外扩文饰还是内收文饰，都应紧靠原唇红线进行，而且不应超过1.5毫米，以免影响美观。

（3）脸形宽阔、下巴较大者，应设计饱满、圆润的唇形。

（4）脸形狭窄、瘦尖者要设计“樱桃嘴”的唇形。

（5）嘴角下垂的顾客给人苍老的感觉，在唇形设计时，应把下唇线向嘴角上方延长，上唇的长度略为收缩，使嘴角有提升的感觉。

总之，设计唇形要做到：曲线优美、形随峰变、不离红线，要注意整体上下形态协调，这样，才能做出适合各种脸形的唇形。

2. 颜色选择

唇红的颜色选择主要是依据顾客的面貌、气质、风度以及对美的特殊要求来确定的。

（1）根据唇形选择适宜的颜色。唇形好的人可以选择艳丽的颜色，突出其天生丽质；相反的则选择不艳的颜色。

（2）根据年龄选择适合的颜色，例如，年轻人可以选择桃红色、粉红色等靓丽的颜色。

（3）根据民族和肤色的差异选择适宜的颜色。

3. 分类

漂润出的唇形种类大致可分为流行唇、性感唇和欧美唇3种。

（1）流行唇。这种唇形的最高点是在嘴唇中部到嘴角距离的1/2处，上、下唇厚度相同。特点是轮廓圆滑、美观、别致，动、静状态都很典雅。

（2）性感唇。这种唇形的最高点是在嘴唇中部到嘴角距离的1/3处，呈山形，起伏深，唇角微微向上，下唇丰满，有豪爽、大方之感。

（3）欧美唇。这种唇形的最高点是在嘴唇中部到嘴角距离的2/3处，特点是外嘴角微微向下，唇部曲线更为圆润，有平滑、宽广之感。

其他的还有樱桃唇、时尚唇、靓女唇、迷你唇和柔情唇等。

4. 原则

漂唇应遵循“宁浅毋深，宁窄毋宽”的原则。

5. 术前的准备工作

（1）术前3天，要求受术者口服板蓝根冲剂和静脉滴注甲硝唑或其他广谱抗生素，为整个漂唇术的进行创造一个良好的身体环境。

（2）从术前3天开始，直至创面完全愈合为止（一般为术

后 2 天左右），要求受术者忌口，主要忌辛、辣、刺激性食物，如生蒜、生葱、辣椒等。另外，不能食用花生、瓜子、海鲜等食品。

（3）选择适当的时间。一般女性不宜在经期进行漂唇术，选择在经期后 1 周为宜。

（4）应了解受术者平时是否经常或有季节性的唇部起疱疹现象。如有，那么则应在术前 3 天除静脉滴注或口服抗生素外，还应口服维生素 C；术后 5 天内仍应口服维生素 C 和抗病毒药物。

（5. 根据顾客的年龄、肤色以及唇的底色配制合适的颜色。如唇色淡或年龄较小者，可选用大红、深红、朱红色；年龄大或唇色发暗者应选用浅红色，禁用咖啡色，否则，会在唇上形成不健康的猪肝色。总之，选色要慎重。

（6）美容师操作时必须戴口罩，用浓度为 75%的酒精消毒手部，所有操作器材必须严格消毒，严格无菌操作。术前要进行口腔清洁和唇部消毒，要求受术者要用漱口水漱口，唇部的消毒一般用浓度为 75%的酒精棉球由内至外消毒 3 次。

（7）开始前要调整好针尖的长度，一般以 1.8 毫米为宜。

（8）术前一定要把设计时留在口唇上的唇形线去掉，以免发生感染。

6. 禁忌证

由于漂唇是一种长久性的修容，因此，要考虑到美容者的心理因素、体质及女性四期的变化。有以下情况者不宜做漂唇手术。

（1）患有皮肤病、传染病者和过敏性体质、瘢痕体质者。

（2）唇部周围有炎症者。

（3）处于生理四期（妊娠期、月经期、产褥期、更年期）的女性。

（4）精神不正常者。

（5）心理过分紧张，犹豫不决者。

7. 操作注意事项

（1）用剪好的橄榄状脱脂棉片浸上盐酸肾上腺素盖在受术者整个唇上，待15~20分钟，皮肤完全变白后再敷麻药。麻药生效后，术者会感到嘴唇肿大，为消除受术者误会，可给受术者一面小镜子让其确认自己的嘴唇有无变形、肿大。

（2）漂唇线时用滑针的方法，针与皮肤呈45°角，操作4~5遍，这样上色效果最好。

（3）漂唇时，用“网状”针法操作4~5遍，切忌边漂边擦，要让色料有充分的渗透时间，一般在8分钟后用“按”的手法进行擦拭。

（4）漂唇应做到一人一针，一人一份色料，避免交叉感染。

（5）漂唇术后唇部不要涂抹任何药物，受术者应继续口服和静脉注射抗生素3~5天。

（6）漂唇后经常使用棉球浸庆大霉素清洁唇部，这样能加快创面的愈合。

（7）漂唇术后，会出现短期唇部不上色现象，这时千万不要用任何方法修饰双唇（如画唇线、涂口红），1~2个月唇色会均匀出现，呈现一个自然美丽的双唇。

## 第五节　文　身

文身就是用刀、针等锐器在人的躯体和四肢的某些或大部分部位刻刺出花纹或符号，涂上颜色，使之保存永久。

### 一、文身的一般流程

选择图案—器具消毒—调配色彩—绘画—调节文身机—肤表

消毒—开始文身操作—擦拭肤表颜料—复纹。

（1）先调整机器和搭配色彩，当顾客选择好图案后，美容师要把创作的位置用浓度为75%的酒精彻底清理干净或用术前消毒剂进行消毒。

（2）设计与修改图案，用转印油把图案印在清洁的皮肤上，不妥的地方可用修改笔添加或用修改液去掉，当顾客与美容师都完全满意后，就可以雕刻作品了。

（3）先用细针（3根针）文刺图案的边缘，这时会有少量出血，请别紧张，这是正常现象。这时应该注意色彩的搭配，粗的地方可用排针（5~15针）雕刻出边缘的主体、轮廓，相接的地方可以用上色针（5~40针）刻出不同的暗色修改，最后可以用浓度为70%的消毒液清除多余的色料，不满意的地方可以用刀具修改。美容师的一切用具在使用前都要彻底消毒（用高性能压力锅蒸20分钟，或用消毒液浸泡，或用沸水煮30分钟）。

（4）最后的一步也是至关紧要的一步。美容师完成作品后，要用杆菌肽药膏涂在伤口处，再用纱布处理表面，防止感染，24小时后重新换过，直到完全好为止。

## 二、文身的操作

### 1. 操作前的注意事项

（1）选取并描画出图样后，喷少量医用消毒水在皮肤上，并转印图样。

（2）文身前，应用10倍的放大镜来检查针头，看是否有倒钩。

（3）在整个操作过程中，必须戴上医用胶皮手套。

（4）文身机在使用前必须进行微调，最好手边配有旋具，以便随时可以调节。

（5）在文身之前要多和顾客沟通，并确定了解顾客意图。

(6) 作为一名专业的美容师，必须注意事前的清洁工作，并把它做到最完美。

(7) 美容师对自己所用的文身机必须充分了解，并能正确使用，这对工作质量的优劣起决定作用。

2. 操作过程中的注意事项

(1) 图案规划。一般人都知道，文身的过程分为“割线”“打雾”两大步骤，却往往忽略了一个非常重要的程序，那就是“规划”。“规划”分为两部分，一指对图样的设计；二指对图样的理解。

美容师在为顾客进行文饰的同时，必须考虑到图样的远期发展，考虑到今后的改进，因为，文身是对自己身体的一种认定，它带有延续性，只有领会到图案的精髓，才能刻画出惟妙惟肖的作品，给顾客以满意的答复。

(2) 割线。一幅好的文身一定先要有好的规划，再来就是正确的割线。很多人甚至是职业的文身师都会有割线太浅、太细，或者线条浑开的情形，这都是使用器具或文身方法不正确的结果。大多数的文身师傅采用的都是文身机，但使用之前必须自己绑针、烧针（把数支针绑在一起，再用焊锡粘接在一起），为了减轻文身师的压力，现已有文身针售卖。然而，一般生手或者自己呆在家里操作的文身狂热分子却几乎都是使用纹眉机。但纹眉机马达的扭力和转速都不足，若想文出又浓又黑又均匀的线，就得使用专业文身机，但也要掌握适当的方式和方法。

调节文身机的出针长度应慎重，因为，出针长度（下针深度）决定着线条的粗细。一般情况下应避免过长的调节。下针太浅，色素会溶于血液而扩散，产生俗称“浑开”的情形；下针太深，容易损伤真皮层，造成疤痕体，因此，建议文身机的下针深度应在 1 毫米以内，否则，容易导致以下现象的发生。

①顾客的文饰部位红肿。

②加重顾客的疼痛。

③溶入血液，导致色素的扩散，产生“浑开”现象。

④线条变粗，无法达到原有的效果。

割线的角度不宜超过20°。因为，如果夹角太大，容易出现线条浑开的情形，而下针角度与皮肤呈垂直状态则最易上色。割线时，要以渐人式手法为主，保持流畅，切勿停顿，否则，就会出现点状的线条和溅落的情况发生。

使用转印的方式来做割线时，应注意割线的顺序，应照着“由下至上”“由右至左”的顺序来完成，因为，这样的情况下，才不易导致磨花转印图案的出现。

（3）打雾。打雾即为上色。打雾的方式很多，并没有特定的方式。一种方式是有人由内向外撕，并在开头较重的地方做重雾，结尾较轻的地方做轻雾，但是它的缺点是打出来的雾会形成如放射线状线条的雾；另一种方式是如打印机的喷头一样，左右不断来回运动并逐渐向外发展，开头的地方出力较重，渐渐地放轻力量，也可以形成如渐层一样的雾。

无论是哪一种打雾方式都各有优、缺点。一般来说，如果有一定程度的练习，第二种方式打出来的雾比较细，也比较稠密；但如果没有相当的练习，它所打出来的雾会很容易变成轻重不分而一片漆黑，或者出现跳针的情况。

大多的初学者都比较喜欢采用第一种方式来帮人打雾，因为，这种方法最易学，除了需要耐心一针一针慢慢编织外，大致上也不需要什么技巧。如果能够勤加练习，也可以把“放射线状”雾的情形降到最低，这种方式也有很多职业文身师傅在采用它，用来文刺小图。

（4）消毒。保持文身工作场所及文身清洁及无菌，可以选择用高温消毒锅的方式进行消毒。而在许多地区，也会要求一定要配备高压消毒锅来进行仪器（如针管和文身针等）消毒。因为，蒸汽消毒锅虽然可以消灭普通病毒，但是，血液中的一些病毒只能用高压消毒锅才能将其灭绝。

在消毒前务必要彻底清洁针管和文身针，最好的方法是用超声波清洗仪，但用肥皂水和牙刷，也可以清洁掉绝大部分的文身色料。

## 第六节　不理想眉形、眼线、唇线去除术

要去除文坏的眉形、眼线、唇线，首先要重新设计眉形、眼线、唇线，并根据原有的形态再加以修改，重新建立。

常用的去除方法主要有药水褪色法和扫斑机、高频电刀去除法。

### 一、药水褪色法

（1）将文处清洁干净，并与受术者共同研究出新的理想眉形、眼线、唇线，以细眉笔修改定型，并在所要去除的不理想处作出标记。

（2）消毒准备褪色部位，局部表面麻醉或酌情采用浸润麻醉。

（3）在所要去除的部位，用文刺针按常规文刺方法走针，局部会有一些出血，这是正常现象，可用消毒棉球擦拭干净。重复数遍，直至需去除的部位全部文好。

（4）用棉签蘸褪色液反复数次擦拭创面，此时，会感到疼痛，过后不久，局部会泛为白色。在处理眉形、眼线部位时，应注意防止褪色液流入眼内导致伤害。

（5）15 分钟后用棉签蘸生理盐水清洗褪色液，局部涂抗生素眼膏，包扎创面。

（6）1 周左右创伤处结痂，半个月左右请受术者复诊，观察

去除程度，如不满意，还需用上述方法重复1~2次。

（7）待不理想的文刺基本去除后，再重新设计文刺。

## 二、扫斑机、高频电刀去除法

目前，有不少医师采用扫斑机及高频电刀去除法去除不满意的文刺部位，取得了一定的效果。但使用这类器械应注意严格掌握进入皮肤的深度，若遇到文得较深的病例，一次不能完全去除，可分次进行，千万不可因操作失误或急于求成，而造成局部损伤甚至形成瘢痕。

# 第五章　按摩美容

## 第一节　面部按摩

### 一、面部按摩

面部按摩是美容按摩的重要组成部分，它主要是依照经络穴位在面部的分布，结合面部的生理解剖特点，采用按摩的手法，达到保健和治疗疾病的目的，从而使面部容颜变得更加美丽。面部按摩的操作方法如下。

（1）用双手的中指和无名指指腹，从额头向两边分别做螺旋形的按摩动作，注意在太阳穴应稍停顿点按半分钟，重复做3~5遍。

（2）用双手的中指和无名指从右眼的外侧从右向左以交叉动作。按摩，到左眼外侧太阳穴处点按半分钟，然后用同样手法由左向右返回，重复3~5遍。

（3）用双手的中指和无名指分别点按两边的太阳穴位置，持续点按1分钟。在额部两眉间，左手食指、中指分开，竖位，从鼻根向上至额部慢慢移动；右手竖中指无名指向内部打圈，然后把左手的食指和中指分开，一同移到额头前庭穴的位置。

（4）用双手中指、无名指沿眉毛内侧滑动至眼角外侧，同时将眉毛向上拉起，由眼角外侧开始用打圆圈的方法按摩，经过颧骨的位置到达眼睛正下方，然后用此法重复6~8次。

（5）用双手点按鼻翼两侧迎香穴1分钟。

（6）用双手的中指和无名指分别从下颌中央开始打圈，逐渐上移到耳垂的位置，再经过地仓穴经面颊至听宫穴；由迎香穴经面颊至上关穴，重复3~5遍。

（7）用双手除拇指外的其他手指在面颊做轮指状，有规律地弹按8~10次。双手并拢，全掌着力，由耳根拉向下颌，重复5~6遍。

（8）用双手的中指和无名指分别由下颌中部绕过唇部到达人中，然后由下颚返回，重复进行6~8次。

（9）拇指交叉，中指、无名指置眉心沿鼻两翼上下推拉，反复6~8遍。

（10）双手交叉后放在额头，然后使手指向下轻抚，然后由脸的两侧面颊到下颚部汇合交叉，向上轻提皮肤，然后重复进行4~6次。

## 二、面颊按摩

随着年龄增长，人的皮肤会逐渐失去水分和弹性，变得灰暗无泽，导致皱纹出现。这种变化虽然是身体的自然生理变化，具有不可逆性，但是也是可以通过适当的护理和保养来改善的。面部按摩可使面部血液循环流畅，促进脂肪分解，使面部皮肤光滑润泽，保持青春活力。面颊按摩的操作方法如下。

（1）用双手的中指和无名指并拢，从下颚中部开始打圈上移到耳垂，然后由迎香穴向上关穴移动，由地仓穴至听宫穴，重复5~6遍。

（2）用双手的拇指、中指和无名指同时轻捏皮肤，从口和鼻子移动到耳朵，轻捏皮肤10多次，重复进行3~4次。

（3）一手食指、中指固定在唇周，另一手食指、中指分别由唇上下向上提拉面颊，然后停止在地仓穴，双手互换位置，继续重复以上动作，反复按摩5~6次。

(4) 用双手大鱼际由承浆穴处开始沿下颌向上打圈至太阳穴，反复5~6次。

(5) 用除大拇指以外的其他四指在面颊两侧交替做皮肤弹扣，各个手指依次进行，重复10次。

### 三、眼部美容按摩

眼部美容按摩法的操作方法如下。

(1) 双手中指、无名指并拢，由太阳穴沿下眼眶至鼻侧打圈做按抚法，反复3~4遍。

(2) 两只手的中指同时在两侧点按太阳穴，并且沿着下眼眶的位置扣圈，直到攒竹穴的位置。

(3) 双手中指、无名指依次点按攒竹、鱼腰、丝竹空、瞳子濂、承泣、晴明、印堂等穴。

(4) 把左手的中指放在太阳穴的位置，然后用右手的中指和无名指分别从额中向左眼下眼眶的位置画“8”字2遍，至右侧太阳穴点按，左手方法同右手。

(5) 把右手的中指和无名指合拢，左手的食指和中指分开，从鼻子根部沿着下眼眶的位置向太阳穴拉抹，重复按摩3~4次，右侧脸颊的按摩方法与此相同。

(6) 左手食指、中指分开，右手中指、无名指从内眼角沿上眼睑拉抹至太阳穴处。右侧同左侧。

(7) 用双手的食指、中指、无名指的指腹从外眼角开始按摩，沿着下眼眶的位置依次点弹，直到内眼眶，保持双手食指到小指掌指关节的持续运动。重复按摩3~4次。

(8) 双手竖位，全掌着力，双掌平行从发际向下轻推至眼球，轻压眼球，然后向两侧抹开。

# 第二节　手、足部按摩

## 一、手部按摩

手是人的“第二张脸”，也是人身上最灵活的肢体，人的绝大部分活动都要通过手来完成。手掌和手指的灵活运动是由大脑来指挥的，适当地刺激手掌和手指就能直接地作用于大脑，收到兴奋大脑的效果。而拥有一双迷人的双手，更加可以增添您的个人魅力。

1. 理想手的特征

（1）丰满。手指、手掌胖瘦适度。

（2）修长。手形的修长，包括手掌及手指整体形状的修长。修长的双手会显得更加秀气。

（3）流畅。手指的外形要显得线条流畅、圆润。

（4）细腻。双手皮肤细腻、洁白、光滑、滋润。

（5）平洁。指甲平滑、光洁。

2. 手部日常的清洁和护理

（1）勤洗手。由于日常生活中，手要接触很多东西，经常会受到污染，所以，养成勤洗手的习惯是非常必要的。

（2）防止化学物品对手的伤害。日常生活中，洗衣服、洗碗是避免不了的事情，所以，在使用洗涤剂、洗衣粉、化学液剂等洗涤用品的时候最好戴上胶皮手套，洗完以后将手再浸泡在温水中，用香皂清洗干净，然后涂上油性的护肤霜滋润皮肤。

（3）保暖。在寒冷的季节里，皮肤是比较干燥的，血液循环较差，手部皮肤很容易发生干燥、冻疮等情况。所以，要注意戴好手套，保护双手。

（4）防晒。夏天，双手容易暴露在烈日之下，会使皮肤变得又黑又粗糙。因此，要注意涂些防晒霜或戴手套。

3. 手部按摩的常用手法

（1）推法。手部按摩中常用的手法是推法。操作时，用拇指指端或指腹着力于手部一定的部位上，进行单方向的直线推动，为直推法。直推时，要紧贴体表，用力要稳，速度要缓慢、均匀，多配合适量的按摩介质，速度为每分钟200次左右，本法可用于手部各线状穴位的按摩。如用双手拇指从某线状穴位的中点向两侧分推，称为分推法。如用两手拇指端或螺纹面自某线状穴两端向中间推动合拢，称为合推法，又称“合法”或“和法”。

（2）拿法。捏而提起谓之“拿”。拿法就是用大拇指和食指、中指或用大拇指和其余四指做相对用力，在一定的部位和穴位上进行节律性的提捏。操作时，用力要由轻而重，不可突然用力，动作要和缓而有连贯性。本法适用于手部各穴位的按摩。

（3）按法。按法是最早应用于按摩疗法的手法之一，也是手部按摩常用的手法之一。在手部按摩中，按法是指用拇指的指端或螺纹面着力于手部穴位或病理反射区上，逐渐用力下按，用力要由轻到重，使刺激充分到达肌肉组织的深层。病人有酸、麻、重、胀、走蹿等感觉，持续数秒钟，渐渐放松，如此反复操作。操作时用力不要过猛，不要滑动，应持续有力。需要加强刺激时，可用双手拇指重叠施加力度。按法经常和揉法结合使用，称为按揉法。对年老体弱或年龄较小的病人，施力大小要适宜。本法适用于手部各穴位的按摩。

（4）点法。在手部按摩中，点法是指用拇指指端或屈指骨突部着力于手部穴位或病理反射区上，逐渐用力下按，用力要由轻到重，使刺激充分到达肌肉组织的深层，病人有酸、麻、重、胀、走蹿等感觉，持续数秒钟，渐渐放松，如此反复操作。操作时用力不要过猛，不要滑动，应持续有力。点法接触面积小，刺

激量大。点法常与按法结合使用，称为点按法。对年老体弱或年龄较小的病人，施力大小要适宜。本法适用于手部各穴位的按摩。

（5）掐法。在手部按摩中，掐法刺激最强。用拇指指甲重掐穴位，将力量灌注于拇指端。掐前要取准穴位，为了避免弄破皮肤，可在重掐部位上覆盖一层薄布，掐后可轻揉局部以缓解疼痛。掐法多用于急症、重症。

（6）揉法。手部按摩中多用揉法。揉法是用拇指螺纹面放于手部一定的穴位或部位上，腕部放松，以肘部为中心，前臂做主动摆动，并带动手腕和手掌运动，摆动要轻柔，动作要协调而有节律，每分钟速度 160 次。本法多与按法结合使用，适用于手部各穴位的按摩。

（7）捏法。手部按摩常用三指捏。三指捏是用大拇指与食指、中指捏住肢体的某两个穴位，相对用力挤压。在做相对挤压动作时，要有节律性，力量要均匀、逐渐加大。捏法常与拿法结合使用，称为拿捏法。

4. 手部按摩的主要穴位及按法

手掌上有许多重要的穴位，如劳宫穴、合谷穴、后溪穴等。我国传统中医学认为：劳宫穴属心包经，主癫狂心痛；合谷穴属大肠经，主头痛耳鸣；后溪穴属小肠经，主头项强痛、癫痫等。因此，对手掌特定穴位的刺激按摩，会起到宁心安神、健脑益智的作用。

在众多的按摩方法中，最简单的就是搓压法。把两掌合在一起，用力对搓，反复搓 30～60 次，以将两掌搓热为好。然后将两掌合十在胸前，两手均匀向内用力压 30～60 次。

搓完掌后，将大拇指曲向手心，将两手各自攥成拳头，四指紧握大拇指，用力握 20～30 次。然后将拇指松开，其余四指攥成拳头，放在另一手掌心内，用另一只手用力握 20～30 次。做完后换手同样施行。

最后是点按穴位。劳宫穴在掌心横纹中，屈指轻握拳，中指指尖所点处即是，用另一手拇指点按 20~30 次然后点按另一手；合谷穴在手背第一、第二掌骨之间，约与第二掌骨的中点相平，以另一手拇指点按 20~30 次，然后换手施行；后溪穴在第五掌骨小头后缘，握拳时，掌指关节后的横纹头处，点按时，将上拇指放在穴位上，其余四指压在手掌上缘，拿住手掌，拇指用力点按 20~30 次，然后换手施行。

5. 手部按摩的好处

经常按摩手指、手掌、手背、指甲，可以温通气血，促进血液循环，调节脏腑功能，使机体保持健康的状态。当机体感到寒冷时，如果将两手掌合紧用力快速摩擦几十次，不但手掌感到温暖，而且全身亦会有暖和之感。在冬季，经常按摩手部，能抵御寒冷，预防感冒。

6. 手部按摩的步骤

静坐，腰直头正，精神贯注于手掌，分三步进行操作。

（1）将两手掌心相对贴紧，用力快速互相摩擦 30~50 次，至手掌心感到发热。

（2）按摩合谷穴，用右手拇指按住左手合谷穴（合谷穴位置在手背第一、第二掌骨之间），来回按摩 30 次，然后再换左手拇指按摩右手合谷穴 30 次。

（3）将右手掌心叠在左手掌背上，用力从指尖擦到腕部，再从腕部擦到指尖部，一上一下为一次，反复进行 20~30 次，再换左手以同样的方法按摩右手背 20~30 次。

7. 手部按摩的注意事项

（1）手部按摩的时间。手部按摩时，必须掌握好按摩的时间。要根据病种、病情和病人体质等情况确定按摩时间。慢性、顽固性疾病，按摩时间宜长些；急性病、病因明确单纯者，按摩

时间可短些。

一般来说，每个穴位或病理反射区按摩 2~3 分钟或 3~5 分钟就可以了。对严重的心脏病患者，在心脏反射区按摩 1 分钟即可，加上其他穴位或反射区，总共不超过 10 分钟。对于患有严重的糖尿病、肾脏疾病的病人，总的按摩时间也不要超过 10 分钟。对脊椎的每个反射区只需按摩 2~3 分钟就足够了。按摩肝脏反射区时，必须注意在病人肾脏功能良好的情况下，才可以按摩 5 分钟或更长时间，否则，将不利于体内有毒物质的排泄。

每天按摩 1~2 次即可。若能长期坚持每天按摩效果就更好了。如每天按摩 1 次，每次按摩的时间定在上午、下午或晚上均可，但以每天坚持同一时间为好；如每天按摩 2 次，以上午、晚上睡觉前各 1 次为宜，饱餐后和空腹不宜按摩。每次按摩 30~45 分钟为宜。一般病症，10 次为 1 个疗程。经过按摩使疾病基本痊愈后，应坚持再按摩一段时间，以巩固疗效、增强体质、减少复发。

（2）手部按摩的力量。手部按摩主要通过刺激手部穴位或病理反射区等调节相应脏腑的功能来防治疾病。所以，对多数穴位和病理反射区来说，刺激适当强一点，痛感重一点，效果就好一些（不痛不会有效果）。特别是骨骼、关节、肌肉、韧带等部位的病痛，必须用较强的力量按摩，才能取得较满意的效果。但也不要用力过重，以免损伤骨膜。对年老体弱、关节较硬或肌肤娇嫩的患儿，则不宜用力过重。严重心脏病病人的心脏反射区、肝脏病人的肝反射区及淋巴和坐骨神经反射区，在按摩时，用力均不宜过重，只要有明显的痛感就行了。手部按摩时，用力要先轻后重，逐渐增加力量，一直增加到被按摩者能接受的最大限度为止。

（3）手部按摩的方向与顺序。双手的总体按摩方向可以顺、逆经络气血运行的方向为依据，根据疾病的性质，采取顺经络气血运行的按摩方向为补，逆经络气血运行的按摩方向为泻，补虚泻实。或依据向心按摩为补，离心按摩为泻。这就是说按摩方向要根据疾病的性质和不同的取穴体系来决定。按摩方向不是一成不变的，要根据病情灵活掌握和运用。

按摩时男先左手，后右手；女则相反，先右手，后左手。如没有足够的时间，只要按摩一只手上的穴位就可以了。在按摩治疗中，应根据病情先按摩主要穴位和部位，再按摩配穴及次要穴位或部位。肾、输尿管、膀胱和肺是人体主要的排泄器官，在选择反射区或反应点按摩时，这几个同名穴位自然成为重点按摩部位。无论治疗，还是保健，一般在按摩的开始和结束时，都要按揉这几个穴位。手部按摩的顺序也不是一成不变的，在治疗中也应根据具体情况灵活变通。

(4) 手部按摩的选穴。手部按摩应根据病情、病变部位和取穴体系，分清主次，灵活选取穴位。可选用任一体系穴位进行按摩，也可全部采用。选用穴位包括基本穴位、对症穴位和相关穴位。基本穴位指肾、输尿管、膀胱和肺，不论何病，在治疗的开始和结束时都要按揉；对症穴位指针对病情和病位的主要穴位，如胆囊炎选择胆反应点或反射区；相关穴位指对疾病起辅助治疗作用的穴位，如胆囊炎选择肝、脾等穴反应点都是针对性较强的选穴，可适当增加按摩时间。

8. 手部按摩时易出现的症状

(1) 穴位疲劳。按摩、按揉穴位、反应点或反射区等，产生刺激信息，经过一定的途径，到达病变部位，治疗疾病。刺激信息的传递，关键是在穴位、反应点或反射区等部位上做的功。做功量不够，信息量不多，则达不到应有的治疗效果；做功量过大，信息量过多，会造成穴位疲劳，反而导致穴位接受刺激信息的能力减弱，就会降低治疗效果。所以，按摩、按揉穴位要定时定量、有规律、有节奏地进行，不要无止境地反复按摩。

按摩开始时，穴位的压痛敏感，多次按压后，压痛就不敏感了。按摩多日多次后，病情好转，穴位、反应点等的压痛随之减轻，这是疾病好转的必然结果。如果病情没有好转，而压痛明显迟钝，这就是穴位疲劳现象。左右两只手有着同样的穴位，如果左手的穴位疲劳了，可多按揉右手的穴位；反之亦然。也可在整个治疗过程中，轮流按摩左、右手的穴位。如果双手的穴位都疲劳了，而病情没有好转，可停止按摩 2~3 天后再做按摩治疗。

（2）穴位疼痛。按摩、按揉手部穴位出现的疼痛是一般人能忍受的，并非剧痛。但也有少数人对疼痛特别敏感或耐受力差。因此，在按摩治疗时，要把可能发生的情况考虑到操作过程中，时刻注意患者的表情变化。如果患者出现脸色苍白或忍受不了的表情，应立即停止按摩，休息一段时间，减轻按摩力度或者调换穴位，再继续进行按摩治疗。

手部按摩所产生的疼痛，不同于其他原因所产生的疼痛，是一种非常敏感的反应痛。这种疼痛的范围一般都比较小，在按摩时要仔细地体会。这种疼痛是一种良性疼痛，即带有良性信息的疼痛，因为，多数人疼痛过后觉得身体格外舒服，精神状态也随之改善。这种带有良性信息的疼痛能很快打破疾病的“稳态”，激发人体的潜能，促进体内各种激素的产生和释放，增强人体免疫功能及抗病能力，从而治好相应的疾病。按摩手部穴位所产生的疼痛，应是出现在深部的疼痛，是病变在相应穴位和骨膜特定部位的反应。病变越大越严重，出现的疼痛也就越大。病愈或病情减轻了，疼痛也就随之消失或减轻。疼痛有两种，即针刺样疼痛和酸胀痛。出现刺痛的患者经气感传灵敏，治疗收效快，疗效好；出现酸胀痛的患者经气感传迟钝，治疗收效慢，疗效差。

9. 手部按摩的适应证和禁忌证

每一种疗法都有一定的适用范围，手部按摩也不例外。为了更好地运用手部按摩防病、治病，现将手部按摩的适应证和禁忌证分述如下。

(1) 适应证。根据我们多年的临床实践和对数以千计的病例分析，手部按摩主要适应下列几个方面的病症。

①对神经官能症（包括下丘脑自主神经功能紊乱、各脏器功能紊乱）和各种神经痛有明显疗效。这是因为手部按摩对中枢神经系统兴奋与抑制平衡有调节作用，对痛觉有明显的阻断作用。

②对慢性胃肠道疾病和小儿厌食、小儿消化不良有明显疗效。因为，手部按摩对消化系统的消化吸收功能有很好的促进作用。

③对各种变态反应性疾病，如过敏性哮喘、过敏性鼻炎和过敏性皮炎有明显疗效。因为，手部按摩对神经内分泌系统的平衡有较好的调整作用，可明显提高肾上腺皮质功能，产生类似应用皮质激素（如泼尼松、可的松）的效果。

总之，手部按摩对生理机能的调节具有重要意义，对各种功能性疾病有明显疗效。对于器质性疾病也有一定的治疗作用，但不应单独使用，可将手部按摩作为主要辅助方法。

(2) 禁忌证。手部按摩虽然治疗范围广泛、疗效好、无副作用，但如同所有的治病方法一样，也不能包治百病，对有些病症是不宜使用的。我们认为，以下的几种病症是其禁忌，临证时要谨慎对待。

①某些外科疾病。如急性腹膜炎、肠穿孔、急性阑尾炎、骨折、关节脱位等。

②急性传染病。如伤寒、霍乱、流脑、乙脑、肝炎、结核、梅毒、淋病、艾滋病等。

③急性中毒。如食物中毒、煤气中毒、药物中毒、酒精中毒、毒蛇咬伤、狂犬咬伤等。

④急性高热病症。如败血症等。

⑤严重出血性疾病。如脑出血、胃出血、子宫出血、内脏出血等。

⑥急性心肌梗死，严重肾衰竭、心衰竭等。

⑦妇女月经期及妊娠期。

⑧精神病患者发作期。

上述情况均表示病势急迫、瞬息万变，不能贻误病机，且病情严重、机体虚弱，承受不了按摩的疼痛。而按摩易使血液循环加快，使有些病人出现不良后果。

对上述禁忌证，应及时采用药物、手术等治疗措施，待病情趋于稳定或缓解后，再以手部按摩作为辅助手段进行调理性治疗，以加强疗效，缩短病程。

10. 按摩膏的使用

使用按摩膏的目的：一是可以保护按摩者和被按摩者的手；二是选择适宜的药膏还能加强治疗作用。为了保持按摩的力度，每次不要涂得太多。这里介绍几个常用的按摩膏。

（1）按摩乳。具有润滑皮肤、活血化淤、清热解毒等作用。适用于任何情况。

（2）冬青膏。将冬青膏（水杨酸甲酯）与凡士林按 1∶5 的比例混合调匀而成。有消肿止痛、祛风散寒等作用。适用于跌打损伤的疼痛、肿胀及陈旧性损伤和寒性痛证等。

（3）滑石粉。医用滑石粉或市售爽身粉均可。有润滑皮肤、干燥除湿等作用。适用于炎热夏季按摩时应用，对婴幼儿及皮肤娇嫩者尤佳。

（4）薄荷水。将鲜薄荷叶浸泡于适量开水中，加盖放一日后，去渣取汁使用。有祛暑除热、清凉解表的功效。适用于夏季按摩及一切热病。

（5）麻油。也可用其他植物油代替。有活血补虚、祛风清热等功效。适用于婴幼儿及久病虚损或年老体弱者。

(6) 白酒。药酒亦可。有活血止痛、温通经络的功效。适用于迁延日久的损伤疼痛或麻木不仁、腰膝萎弱无力、手足拘挛等病症。

(7) 鸡蛋清。将鸡蛋（鸭蛋、鹅蛋亦可）一端磕一小孔后，悬置于容器上，取渗出的蛋清使用，有消导积滞、除烦去热等作用。适用于暖气吐酸、烦躁失眠、手足心热、各种热病及久病后期。

(8) 葱姜汁。将葱白及鲜生姜等量切碎、捣烂，按1∶3比例浸入浓度为95%的酒精中，放置3~5日后，取汁应用。有温中行气、通阳解表等作用。适用于因寒凝气滞而致的脘腹疼痛及风寒引起的感冒、头痛等。

如果患者手部有皮肤病，可选用针对性药物。例如，选用2%咪康唑霜或联苯苄唑霜（霉克）或克霉唑霜用于手部患有手癣的人；选用2%尿素霜用于手部皲裂的人。

## 二、足部按摩

足部与全身脏腑经络关系密切，承担身体全部重量，故有人称足是人类的“第二心脏”。目前，足部按摩被越来越多的人接受，在街头巷尾到处可以看到“足疗”的招牌。足疗实质上就是指通过对足部各个穴位的按摩，达到有病治病、无病防身的效果。

### 1. 足部按摩的最基本手法

足部按摩的手法多种多样，其中，最基本的手法就是单食指扣拳法，它主要用于脚底部。

按照足部反射区分布，有很多内脏反射区在脚底，用食指的关节部刺激有关部位，力度要稍大些，才能起到有效的刺激作用。脚内侧、脚面是骨膜，所以，要柔和地刺激，不能刺激力太

大，否则，容易损伤骨膜。

2. 足部按摩的反射区

通过按摩双足来治疗疾病和保健时，必须选择的反射区有腹腔神经丛、脾脏、肾脏、输尿管和膀胱。这5个反射区在按摩的开始或结束时，都必须加强。

3. 足部按摩的不正规手法

有关专家说，如果进行足部按摩的时候手法不正规，只会适得其反，不但达不到保健的目的，反而会导致病情加重。

（1）穴位反了。如治疗感冒，本来该推拿这个穴位，如果推拿成另一个穴位，会导致感冒症状加重，因为，每个穴位都有一定的脉络走向。

（2）手劲重了。如治疗拉肚子，如果手劲过重，会让病人变得越来越虚脱。

（3）不会配穴。如高血压病人，在足疗时就要注意不同穴位、不同力度的搭配，如果火候掌握不好，会造成血压上升。

4. 足部按摩的注意事项

在进行足部按摩时，要因人而异，手法要灵活运用。按压区位时，要进行适度持续性的刺激，有正常的压痛感最好，应以反射区内压痛最敏感的部位为重点，当体内器官发生病变时，双足相应的反射区会有针刺感。另外，进行足部按摩时应保持室内清静、整洁、通风，按摩前应用温水洗净足部，全身放松。按摩每个穴位和病理反射区前，应测定一下针刺样的反射痛点，以便有的放矢。按摩结束后30分钟内患者应饮一杯温开水，这样有利于气血的运行，从而达到良好的按摩效果。

## 第三节　头、颈部按摩

### 一、头部按摩

头部按摩多采用揉法，加以点按、擦法、滑法、搓擦等方法作用于头部穴位，达到缓解疲劳、打开穴位、疏通经络、活血化淤的作用。

头部按摩的常用手法有以下几种。

1. 点穴

分别用双手拇指点按神庭穴、头维穴、百会穴、四神聪穴。

2. 拉抹

双手拇指指腹放在前额正上方，轻微而稳固地揉捏头皮，超过前发际线、太阳穴和鬓角，逐渐向后移到头顶中心，按摩约 3 分钟；继续从头顶中心部逐渐移向颈后按摩，特别是耳后部和颅骨基部，时间也为 3 分钟。

左右手分别抓捏颈后部两侧，由上而下，约 2 分钟。动作要缓和，用力要适中。

用拇指指腹从枕骨自上而下用力缓慢按压 20 次。

拇指分别固定在两侧风池穴，旋转用力按摩 1 分钟。

将两手拇指指腹放在顾客头部左右两旁，再将手平缓地滑至头部上方，直到两手在头顶上相逢为止。

将双手的拇指指腹置于顾客的前额，以旋转方式沿着发际按摩。

将整个手掌紧贴在顾客的头皮上，然后进行旋转式按揉两次，第一次将手置于双耳上端，第二次将手置于前额及后脑部。

用左手稳住顾客的后脑部，再将展开的右手掌平放在顾客的前额上，缓慢而平稳地朝上移动，直到通过发际线。

3. 揉按双耳

双手拇指指腹沿发际从中间向两边拉抹至两耳尖，拉抹线路渐渐后移，从头顶部向两侧拉抹。

双手拇指、食指分别沿耳轮揉按，然后将耳朵向前推，压住耳孔，扣于头部两侧。双掌缓缓用力轻轻推按 3 次后慢慢放开。

4. 抓理头发

双手四指交替从头周围向头顶抓理头发。

5. 提头发

双手五指分别插入头发中，五指并拢夹住头发轻轻向上提。

6. 叩击头部

双手合十，掌心空虚，腕部放松，快速抖动手腕，以双手小指外侧着力叩击头部，从头顶至颈部轻叩头皮。

## 二、颈部按摩

颈部按摩可以促进颈部的血液正常代谢和激素的活化运行，不仅消耗热量，而且可以帮助消除下颚堆积的脂肪。颈部按摩的操作步骤如下。

（1）座位或站立位，颈部稍稍抬起，左右两手合拢，两手中指尖对置于下巴正中，两手指尖分别从两侧下颚中央向耳朵方向推摩，重复以上动作 5~10 次，然后再用双手依次从肩锁骨上开始，由下向上轻抹颈部，反复 20~30 次。

（2）用双手全部手指按照画圆圈的方式从脸颊向颈部轻柔地摩动，按摩路线要沿着下巴，然后重复按摩 10~20 次。

（3）将双手分别放置于颜面下部，以双手四指由下腭下方至耳下慢慢按压。特别是耳根下方是穴位集中的地方，所以要用中指轻柔地按压。

（4）双手中指分别按揉颈后的风池穴约半分钟，然后用食指、中指和无名指从风池穴按摩到颈部前方的锁骨位置，重复按摩 5~10 次。

（5）抬高下颏，用双手手背交替由下向上地轻拍颈部，重复动作 10 次。

（6）用双手托住下巴，然后慢慢地向后仰起头，持续 10 秒，使下颚的肌肉保持绷紧的状态，然后放松肌肉，头部恢复原来的位置，重复 3 次。

（7）一手食指、中指和无名指拿捏对侧肩后的肩井穴约半分钟，再换手拿捏对侧肩井穴约半分钟。

## 第四节　肩、背部按摩

### 一、肩部按摩

影响肩部美最重要的肌肉是三角肌（包括肩膀关节的肌肉）和斜方肌（提、降肩胛骨的肌肉）。三角肌由前束、中束、后束三部分组成。肩部按摩的重点是以下 4 个穴位的按压。

1. 三角肌前中央点

按压的要领：充分弯曲拇指，以第二指关节置于穴位上，用中等力量朝水平方向按压 10 秒钟。

2. 三角肌后中央点

按压的要领：将拇指充分弯曲，按在三角肌后中央点上，食指和中指按在两侧，同时朝水平方向按压 10 秒钟。

3. 肩部的中间点

按压的要领：双手以食指和中指按住左右肩中间的穴位，用中等力量垂直向下压 10 秒钟，如此反复做 3 次。

4. 肩根点

按压的要领：将双手拇指充分弯曲，以第二指关节置于左、右肩根点穴位上，用中等力量垂直下压 10 秒钟，如此反复做

3次。

## 二、背部按摩

(1) 右手抚按在顾客后颈部，不用力，再以左手全掌按压肩胛骨、胸骨、腰、右臀和左臀部位。

(2) 左手慢慢移至颈椎部位，揉颈椎，右手放置在后脑部。

(3) 两手拉抹后脑发际，至头顶拉抹离开身体，身体移位。

(4) 倒油，均匀地涂抹身体。双手手指并拢，拇指相对，方向向前，由脊柱两侧，从尾骨到肩膀，然后是从身体两侧至腰部再回到尾骨，按抚3遍。

(5) 移动身体，使双手重叠于尾椎部，右手在下，左手在上，力度均匀地从尾椎顺时针全掌贴在皮肤上，并用力打4个大圈至颈椎。只做1遍，动作停在一侧肩下脊椎旁。

(6) 移动身体，两手掌重叠在肩胛骨部位到肩膀颈、肩头部位，在过肩头处时需能摸到锁骨，动作要有一定的力度，打"8"字圈进行按摩，次数为3遍。

(7) 移动身体，使两拇指相对，在脊柱旁肌肉处，从第一节胸椎开始，依顾客呼吸的频率，同时，按压脊柱两旁的肌肉，由上至下（先左边肌肉，后右边肌肉，每隔3厘米按压1次），直到尾椎。吸气时放松，呼气时下压，按压次数为3遍。

(8) 方向、位置相同，美容师左右拇指在脊椎两旁的肌肉上推移，一拇指拉，一拇指推。从胸部到尾椎，左侧做完再做右侧，要有一定的力度，手不能离开身体，左手按，右手抬。

(9) 两手相对，用手掌的小鱼际将脊椎两侧肌肉分别夹起，由肩部到尾椎推拿一遍称为"挤出毒素"。

(10) 从脊柱正中向身体两侧"排出毒素"。双手指尖向下，双手掌平行，紧贴在顾客脊椎左侧的肩胛处，以手指带动全掌到顾客身体左外侧，一直做到腰围，左侧做完再做右侧。

（11）美容师双手抱住臀围，从腰两侧由下到上推到腋下。将身体两侧的毒素排出，上去时要用力，回位时动作要轻。

（12）用全手掌心顺着脊柱侧面从臀部到锁骨，沿脊柱旁肌肉，从尾骨出发向肩膀部方向，向体外侧打弧线，形如“扇面”，故称“扇形动作”。两手交替进行，下到腋下，再到肩头，最后到锁骨，左侧身体做完再做右侧身体。脊椎的左侧是左手开始打弧，右侧是右手开始打弧。

（13）用毛巾将背部盖好，从尾骨两侧推向腰围，张开“虎口”拇指相对，到腰围后滑向腰部外侧，手接触到床握拳头，手掌打开拉回原位，次数为 3~5 遍。

（14）双掌在尾骨上打小圈，双手拇指在尾椎骨交错，同时打圈至腰围。

（15）尾椎骨采用“拉锁状”按摩，拇指同时横向交错揉搓。本过程主治下腹疼、月经不调及调整荷尔蒙的分泌，对痛经有特效。

（16）在尾椎两侧到腰围范围操作。拇指紧贴锥骨两侧，在相隔约 5 厘米的位置，向外从尾椎旁到腰围打小圈，到腰围的时候握拳头，再回到尾椎骨两侧。

（17）双手交错揉捏，臀部至腰围像揉面的动作。

（18）将毛巾盖至腰部，双手平压臀部，平衡加强力度按压 5 秒钟。

（19）双手放在腰部，掌根用力略向上推 10 次，用来刺激肾脏，帮助排出积水。

（20）将毛巾盖到肩胛下部，从腰到肩胛骨之间做一个“心形”的动作，双手从腰部平推到肩胛下缘，到身体两侧，再拉回腰部形似“心形”。

（21）右手放在颈椎处，将毛巾盖好，移动身体，美容师两拇指打小圈从颈根至肩头，两拇指交错从颈根至肩头平推，做

“背部加强”。

（22）两手拇指从脊柱斜推向肩胛骨，找软组织中的硬块，找到后，就要按住较硬的部位（力度不要太大，避免造成组织损伤），使按摩油慢慢渗透，硬块组织慢慢散开。

（23）双手重叠在肩胛骨周边的软组织处，做好舒缓放松的动作。

（24）在肩背部做一个“大按抚动作”，双手对称放在脊柱两侧颈根部，全手掌向腰周围方向平推，在腰围处滑向身体两侧，从腋窝处经肩头至颈根部按摩 3~5 遍。

（25）双手拇指交替从颈根脊柱旁，一寸一寸向腰围处推进，力度因顾客情况而定，次数为 3~5 遍。

（26）重复第 2~24 的步骤。

（27）做颈部风池穴、头部的按摩。

（28）结束整个按摩过程。

# 参考文献

凡一平 . 2003. 理发师［M］. 北京：当代世界出版社.

金剪子发式造型创意坊 . 2008. 发型助理专业技术 380 问［M］. 长沙：湖南美术出版社.

李永强 . 2004. 美发师（中级）［M］. 北京：中国劳动社会保障出版社.

李玉，倪蔚红 . 2014. 美容师（初级）［M］. 北京：中国劳动社会保障出版社.

刘文华 . 2007. 盘发造型技艺［M］. 北京：中国商业出版社.

卢晨明 . 2009. 美发师［M］. 上海：上海人民美术出版社.

司明 . 2009. 美容基本技能［M］北京：中国林业出版社.

钟宏发 . 2011. 美容师［M］. 北京：中国农业科学技术出版社.

周洁 . 2016. 美容师、美发师［M］. 大连：东北财经大学出版社.